신소재 이야기

한국과학기술한림원

- 과학기술에 전문적 경륜과 식견을 가진 석학들을 회원으로 엄선, 각 부문별 전문성을 효율적으로 활용함으로써 국가 과학기술의 진흥과 창달에 기여하기 위해 1994년에 설립되었습니다.
- 2005년 기초과학연구진흥법 제11조(한국과학기술한림원의 설립 등)에 의거 법정기구화되었습니다.
- 독립성, 자율성 및 전문성을 바탕으로 하는 순수 민간 과학아카데미로, 편견 없는 대정부 정책자문을 통해 올바른 과학기술정책의 수립을 유도하고 있으며, 범부처적 국가 과학기술정책에 대한 자문과 건의를 통한 과학기술발전의 장기적 비전을 제시하고 있습니다.
- 우리나라의 과학기술 선진국 진입을 위한 기초 과학기술 진흥사업을 수행하고 있으며, 외국 한림원 및 과학기술 국제기구 등과의 학술교류를 통해 과학기술 민간외교의 중심체 역할을 담당하고 있습니다.

신소재 이야기

1판 1쇄 펴냄 | 2021년 11월 25일
1판 3쇄 펴냄 | 2024년 1월 10일

지은이 | 김영근 · 안진호
발행인 | 김지영
발행처 | 자유아카데미
등록 | 제 406-2003-017호, 1980. 7. 12

주소 | 경기도 파주시 회동길 37-42 파주출판도시
전화 | 031-955-1321
팩스 | 031-955-1322
홈페이지 | www.freeaca.com
전자우편 | main@freeaca.com(대표)
editor@freeaca.com(편집)
crm@freeaca.com(영업)

ISBN 979-11-5808-323-6 93500

한국과학기술한림원 『석학, 과학기술을 말하다』 시리즈 38

신소재 이야기

A Story on Advanced Materials

김영근 · 안진호 지음

자유아카데미

책을 시작하며

필자 일동은 지난 30여 년간 신소재 분야를 연구하면서, 첨단지식을 여러 사람과 공유하고자 하는 생각을 막연하게나마 가지고 있었다. 대학에서 학부과정으로 재료전자기물성, 융합기술 및 신소재 응용, 박막공학(이상 김영근), 신소재개론, 현대물리학, 전자소자재료(이상 안진호) 등을 강의하며 정리해둔 강의자료들을 볼 때마다 그런 소망은 더욱 커져 갔다. 그러나 종강하면 이내 잊어버리고 마음에만 묻어둔 지 여러 해가 지나갔다. 공대 강의는 주로 글보다는 파워포인트 그림과 공식, 전문용어 위주의 설명으로 진행하기 때문에 막상 글로 옮긴다는 것이 쉽게 이루어지지 않았다. 물론 전문 분야의 연구논문이나 기술보고서는 많이 써보았지만, 대중을 위한 도서와는 성격이 다르다보니 쉽지 않았다. 그러던 중에 한국과학기술한림원 학술저술지원사업 지원대상자로 선정되면서, 머릿속에서 맴돌던 생각들과 자료들을 정리할 수 있는 계기가 생겨 용기를 내보기로 하였다.

신소재advanced materials는 말 그대로 현재와 미래의 첨단기술을 가능하게 하는 원동력이다. 갑자기 등장한 철기 문명은 강도가 높은 무기와 농기구를 바탕으로 전성기를 구가하던 청동기 시대를 종결시켰다. 철은 청동보다 높은 온도에서 정련할 수 있는 기술이 필요했다. 당시 청동과 비교하면 철은 신소재라고 할 수 있다. 우리가 쓰고 있는 스마트폰은 신소재의 결정

판이다. 집적회로, 디스플레이, 이차전지, 센서 등 약 1,000개의 부품은 반도체, 금속, 세라믹, 고분자를 포함한 여러 종류의 신소재로 구성되어 있다. 더 고성능이면서 더 가격 경쟁력이 있는 소재를 확보하는 것이 최종제품의 시장 지배력을 좌우하기 때문에 신소재분야는 세계 각국 첨단과학기술의 전쟁터이다. 어떤 신소재들은 몇 개국에서만 독점적으로 생산할 수 있어, 무역분쟁의 시작이 되기도 하며 국가안보를 위협하기도 한다.

소재의 종류는 동식물의 수만큼 헤아릴 수 없게 많다. 의학분야는 외과, 내과 등으로 구분되고, 외과 내에서도 정형외과, 성형외과, 신경외과, 흉부외과 등으로 세분화할 수 있다. 이처럼 신소재분야도 구조소재와 기능소재로 크게 나눌 수 있지만, 기능소재 내에서도 전기, 자기, 광, 바이오 소재분야들로 세분화할 수 있다. 최근에는 다루는 소재의 스케일(크기)에 따라 벌크소재나 나노소재로 나눌 수도 있다.

소재를 다루는 학문분야를 재료과학 및 공학Materials Science and Engineering이라고 한다. 물리, 화학, 생물 같은 기초과학적 지식으로 소재의 원리를 규명하는 과학적 방법론과 더불어, 소재를 응용 분야에 따라 성능과 가격경쟁력을 높이려고 하는 공학적 방법론이 모두 필요하기 때문이다.

이 책에서는 현대 문명의 발전을 촉진한 신소재들 위주로 소개하고자 한다. 각 장의 이해를 돕기 위해 부록에 소재의 기본원리에 대해 작성하였다. 과학기술 분야에서 쓰는 전문용어들이 많은데, 되도록 주석을 달아 설명도 하고 이해를 돕기 위한 그림들도 준비하였지만 독자들이 다소 이해하기 어려운 부분도 있을 것이다. 독자 여러분들의 의견을 경청하여 추후 업데이트하도록 하겠다.

코로나 19 대유행과 불볕더위, 그리고 도쿄올림픽이 진행되는 시점에 한창 원고를 쓰다보니 마감에 늘 쫓긴다는 작가, 기자들의 심정을 한층 이해하게 되었다. 아무쪼록 이 책이 중고교생과 일반 독자들이 신소재에 조금이라도 관심을 기울이게 해주는 계기가 되었으면 한다.

이 책을 준비하면서 그림 작성과 글 편집에 도움을 준 고려대학교 정보소자재료연구실 대학원생 고한석, 이지영, 이태윤, 정은진과 한양대학교 나노공정 및 소자연구실 대학원생 강영우, 석지후, 김연수, 문승찬, 김원진, 조민선, 최진혁에게 고마움을 전합니다. 소중한 시간을 내서 자성소재 부분을 감수해준 한국과학기술원 김갑진 교수와 반도체소재 부분을 감수해준 한양대학교의 박영욱 교수, 그리고 내용 전반에 대해 의견을 제시해 준 매일경제 원호섭 기자에게도 감사의 말씀을 드립니다. 끝으로, 이 책의 출판을 지원해주신 한국과학기술한림원 출판위원회와 발간을 위해 애써주신 자유아카데미 관계자분들께 감사드립니다.

차례

3 암기왕 자석

4 팔방미인 탄소소재

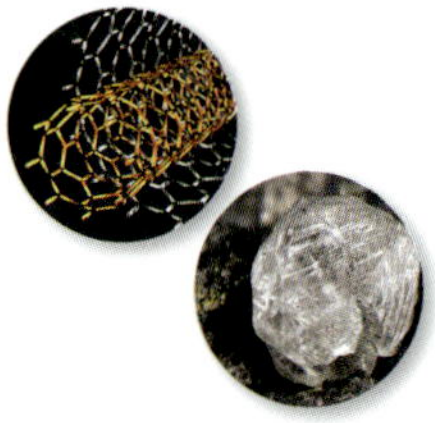

5 더 가볍고 강한 복합소재

6 자연으로부터 배운 생체모방소재

부록 소재의 기본 원리

1

수정구슬로 본 신소재

해저 2만리

"수정구슬처럼 미래를 보는 수단이 있다면 얼마나 좋을까?"

이런 생각은 누구나 한 번쯤 해보았을 것이다. 그만큼 미래는 늘 호기심과 상상력의 대상이 된다. 먼 미래 사회의 모습을 그려보는 데는, 통찰력과 상상력이 풍부한 공상과학 소설 작가가 과학기술 전문가보다 오히려 더 뛰어난 면모를 보이기도 한다. 지금부터 무려 150여 년 전인 1870년, 프랑스의 소설가 쥘 베른Jules Verne은 그의 유명한 작품 『해저 2만리Vingt mille lieues sous les mers』를 발표했다(그림 1-1). 이 소설의 등장인물 네모Nemo 선장은 해저도시 건설을 꿈꾼다. 네모 선장은 금속 소재로 제작한 70 m 길이의 유선형 잠수함, 노틸러스호를 타고 바다를 돌아다닌다. 노틸러스호의 엔진은 승무원들이 바다에서 조달하는 소듐(Na)[1] 전지로부터 전력을 공급받는다. 바

1 Na는 원자번호 11의 금속이다. 독일과 일본의 영향으로 나트륨이라고 불리기도 하나, 국제 통용 명칭은 소듐sodium이다. 비슷한 예로 칼륨이라고 불리고 있는 19번 원소 K(포타슘, potassium)가 있다.

그림 1-1 『해저 2만리』의 삽화(좌)와 노틸러스호의 기관실(우)

닷물에서 전기를 얻어 작동하는 잠수함을 생각해낸 것은 놀라운 상상력의 결과이다. 바닷물은 소금(염화소듐, NaCl)이 풍부한 곳이다. 과연 소금으로 전지를 만드는 것이 소설처럼 가능한 일일까?

현재의 스마트폰이나 전기 자동차의 전원은 리튬(Li) 이온 이차전지[2]에서 나온다. 기존의 리튬 이온 이차전지는 우수한 성능을 갖고 있지만, 리튬의 원료를 특정 국가에서만 얻을 수 있고, 전반적인 수요도 늘어나면서 날이 갈수록 가격이 비싸지고 있다. 게다가 리튬 이온 전지는 폐기와 재활용

2 반복적인 충·방전이 가능한 전지를 이차전지라고 한다.

도 쉽지 않다. 따라서 세계 각지에서 리튬을 대체할 전지를 개발하려 노력하고 있는데, 소듐 이온 이차전지가 그 대안으로 떠오르고 있다. 소듐 이온 이차전지는 충·방전 반복에 따른 기능 저하를 줄이고, 저장 용량도 높은 전극 소재로 한창 개발 중이다. 연구에 큰 노력을 기울여야 하겠지만 언젠가는 정말 소금으로 전지를 만드는 것이 가능할 날이 오리라 기대하고 있다.

60년 전의 통찰력

지금부터 약 60여년 전인 1965년[3], 『철인 캉타우』와 『심술통』 시리즈를 그린 원로 만화가 이정문 화백은 '서기 2000년대 생활의 이모저모'라는 한 컷의 만화를 발표했다(그림 1-2). 이 책을 쓰고 있는 2021년 현재 이 만화를 보면, 표현은 조금 다르지만 놀랍게도 대부분 실현됐다. '전파신문'은 인터넷 신문이고, 코로나 팬데믹을 거치면서 원격강의가 더욱 활성화되어 '공부도 집에서'도 실현됐다. '움직이는 도로'는 에스컬레이터나 무빙워크의 보급으로 생각할 수 있겠다. 일론 머스크가 이끄는 미국의 스페이스X를 비롯하여 블루오리진, 버진갤럭틱 등에서 상업용 로켓 발사에 성공을 거두고 있으니 달나라 여행도 먼 얘기가 아닐 것이다.

특히 '소형 TV 전화기'라고 명명한 전자기기는 대단한 혜안이다. 여러 플랫폼을 거쳐, 2007년 Apple의 스티브 잡스가 출시한 아이폰의 등장으로 스

3 1965년에는 한일협정과 월남전 파병이 있었고, 1962년부터 시작한 제1차 경제개발 5개년 계획이 진행 중이었다. 1인당 국내총생산GDP은 $100 정도였다. 현재는 $35,000로 350배 늘었다.

그림 1-2 서기 2000년대의 생활의 이모저모 ©이정문, 1965.

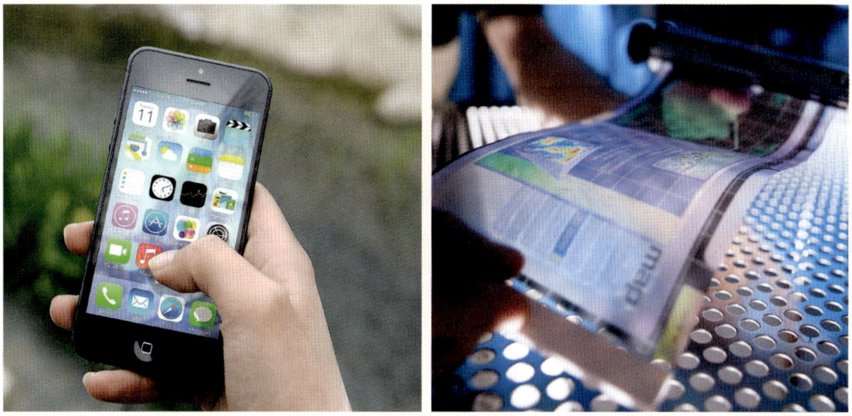

그림 1-3 투명전극을 활용한 스마트폰(좌)과 유연 디스플레이(우)

마트폰 시대가 열렸다. 스마트폰은 4차 산업혁명의 시발점이 됐다. 스마트폰은 무수히 많은 신소재 부품들로 구성되어 있다. 연산과 통신 기능을 하는 반도체 집적회로는 물론이거니와, 터치 스크린에 쓰이는 투명전극 필름 소재인 인듐-주석 산화물indium tin oxide, ITO[4]의 개발로 인해 글쓰기, 사진촬영, 전자상거래, 사회관계망SNS 형성이 손가락 끝에서 실현가능하게 됐다. ITO는 전기가 통하는 투명유리인데, 최근에는 인듐의 품귀로 가격이 오르면서 새로운 대체소재를 개발하려는 노력이 한창이다. 그림 1-3은 투명전극 소재가 사용된 스마트폰과 유연 디스플레이 제품을 보여준다. 한편, 초고속 인터넷 구현을 가능하게 한 소재는 광섬유optical fiber이다. 굴절률이 높은 유리를 사용하여 빛을 가두고 직진하게 하여 빛에 담긴 정보가 태평양,

4 ITO라는 투명전극 소재가 없었다면 스마트폰이라는 발명품은 탄생하지 못하였을 것이다. 전기전도도와 투명도를 모두 갖춘 투명전극 소재가 없이는 터치스크린을 구현하는 것이 불가능했기 때문이다.

대서양을 건너오는 것이 가능해졌다.

이정문 화백은 언론매체와의 인터뷰에서 지난 50년간 꾸준히 신문 스크랩을 해두었다고 밝혔다. 이는 최근에 대두되는 소위 빅 데이터big data를 생각나게 한다. 이정문 화백처럼 미래를 보는 통찰력은 주위의 사물이 어떻게 변하는지 꾸준히 관찰하고 생각하는 가운데 발휘되는 것이다.

2040년의 사회와 신소재

2010년에 발간된 국가 보고서[5]는, 2040년 우리나라가 '에너지가 풍족하고 쾌적한 생활환경이 조성된 자연과 함께하는 세상, 새로운 산업발전으로 경제적으로 넉넉한 풍요로운 세상, 최첨단 의료와 복지 서비스를 제공받고 생활안전과 안보 걱정이 없는 건강한 세상, 생활의 편의성이 획기적으로 개선된 편리한 세상'이 될 것이라는 비전을 제시하고 있다. 미국의 시티Citi 그룹도 2040년에 우리나라의 국내총생산GDP이 세계 4위권으로 오르고 1인당 국민총생산GNP은 8만 달러를 웃돌 것으로 내다보았다[6]. 매우 고무적인 예측이며 실현만 된다면 정말 작지만 강한 나라가 되는 것이다. 참고로 우리나라의 2021년 국내총생산 규모는 세계 10위권이었다.

2040년에는 우리나라 주력산업의 변화가 예상된다(그림 1-4). 1980년대 산업이 단순 공정기술에 기반한 것이었다면, 2010년대에는 첨단 공정과 집

5 2040년을 향한 대한민국의 꿈과 도전: 과학기술 미래비전, 교육과학기술부 & 한국과학기술기획평가원. 2010.10.

6 https://pulsenews.co.kr/view.php?year=2011&no=131948

적화 기술이 산업을 이끌었다. 향후 2040년의 주력산업의 향방은 창의적 신기술 확보 여부에 따라 정해질 것이다. 특히 신소재 기술의 확보는 모든 제조업에 미치는 여파가 크다. 산업화 시대에는 새로운 소재의 활용에 따라 인류 발전 속도가 가속화되어 왔다. 산업화 초기에는 철강, 유리, 플라스틱과 같은 단일-벌크 소재에 기반한 산업이 인류 발전을 이끌어왔다. 반면에 현대의 정보통신 사회는 재료의 근원적 물성의 이해를 돕는 기초과학의 발전과 더불어, 박막, 나노소재, 복합소재를 활용하여 소자와 부품의 성능을 높이고, 이를 통해 폭발적으로 발달하고 있다. 이제 또 한 번 새로운 성장동력의 발굴과 변화하는 사회적, 환경적 요구에 대응할 신소재 개발

그림 1-4 2040년에 예상되는 우리나라의 주력산업

출처: 2040년 우리나라의 미래 핵심산업을 향한 대한민국의 꿈과 도전, 과학기술 미래비전, 교육과학기술부 & 한국과학기술기획평가원

이 필요한 시점이다. 새로운 변혁은 기존 소재의 점진적 개선이 아니라, 소재의 특성을 극대화하고, 한계를 극복하기 위한 획기적이고 창의적인 방식으로 전개되어야 한다. 이를 위해 지난 20여 년간 비약적으로 발전해 온 계산과학과 소재 정보를 접목하여, 더 빠르고 경제적인 방법으로 첨단기능을 갖는 신소재 개발이 이루어져야 할 것이다.

그러나 미래 주력산업을 이끌어갈 전문인력이 부족하다. 소재의 연구개발, 제조, 품질관리 전 분야에 걸쳐 전문인력의 양성과 충원이 필요하다. 산업통상자원부는 유망 신산업인 차세대 반도체, 차세대 디스플레이, 사물인터넷 가전, 증강 및 가상현실, 첨단신소재의 산업기술인력 실태조사를 시행하여, 2027년까지의 인력 수요를 전망했다[7]. 조사 결과, 2017년 5개 신산업 산업기술인력은 총 10만 9천 명이며 부족한 인력이 약 4천 명 정도이다. 2027년에는 총 16만 5천 명의 인력이 필요할 전망으로 이는 2017년 말 대비 5만 6천 명이 더 필요한 것이다(그림 1-5). 기반이 되는 산업이나 산업 간 연관 효과가 큰 첨단신소재 분야의 경우, 2027년까지 총 4만 4천 명이 필요할 것으로 전망했다(이 중 연구개발 인력은 약 1만 명). 그 밖에 반도체와 디스플레이 산업 분야에서도 소재 공정과 장비를 다루는 신소재 전문가가 다수 필요하다. 신소재를 다루는 재료공학은 완제품보다는 이를 구성하는 기본 소자나 부품에 사용되기 때문에 주목을 받는 분야가 아닐지 모르나, 이 책을 읽고 나면 가장 중요한 학문이 재료공학이라는 사실을 느낄 수 있을 것이다.

---

7 미래 유망 신산업 (5개 분야), 2027년까지 16만 5천 명 필요. 산업통상자원부 보도자료 2019.07.02.

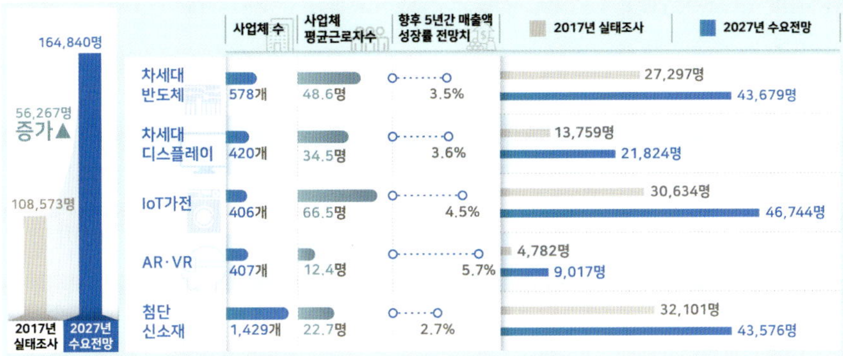

그림 1-5 미래 유망 신산업 5개 분야

출처: 산업통상자원부 보도자료

소재와 인류문명

500만 년 전에 출현했다고 알려진 인류가 동물들과 다른 가장 중요한 특징은 직립보행이었다. 이러한 생활습관은 자유로운 손동작을 가능케 하여 다른 목적으로도 손을 이용할 수 있게 됐다. 그 결과로 자신이 생각하고 있는 것을 만들 수 있게 되었고, 섬세한 손동작을 통해 대뇌가 급속히 발달했다고 한다. 또한, 불의 발견으로 인해 인류는 자신이 필요한 도구를 좀 더 적극적으로 개발할 수 있게 됐다. 점차 발달하는 지능의 표현을 위해 더욱 복잡한 도구를 만들기 시작했는데, 석기시대의 단순한 도구들부터 시작하여 최신 하이테크 기기까지 발전하게 됐다.

이러한 새로운 도구의 실현에 항상 중요한 요인이 되는 것이 바로 소재(재료)이다. 소재에는 돌이나 나무와 같이 자연 상태에서 채취 가능한 것도 있지만, 자연 상태에서는 존재하지 않는 인공적인 합성 물질도 있다. 이러한 의미에서 보자면 인류의 역사는 바로 신소재 개발의 역사라 볼 수 있으며, 미래의 인류 역사도 신소재의 개발 여부에 의해 크게 달라질 수 있으리라 예측할 수 있다. 이제까지는 석탄·석유 등 화석연료를 가진 국가들이 전 세계 경제의 흐름에 중대한 영향을 미칠 수 있었으나, 그러한 천연자원이 고갈될 미래에는 새로운 형태의 대체에너지를 창출할 수 있는 기술을 가진 국가가 그 자리를 차지할 것이다. 산업·경제의 틀을 새롭게 바꾸는 획기적인 계기는 새로운 소재의 개발과 응용을 통해 가능하며, 단편적인 지식을 가진 사람이 아닌 재료공학, 전자공학, 화학, 물리학, 생물학 등 다양한 분야의 전문가들이 치열한 학제 간 연구와 노력을 함으로써 가능해질 것이다.

지금은 과거에는 상상도 할 수 없었던 많은 새로운 기구들이 우리 생활에 자연스럽게 자리 잡고 있다. 스마트폰으로 주요 뉴스와 정보를 검색하며, 카메라와 음향기능이 갖추어진 노트북만 있다면 언제 어디서든 화상으로 회의와 수업을 할 수 있다. 주식매매와 은행 업무는 모두 온라인으로 하고, 내비게이션 시스템과 자율주행 기능이 갖추어진 자동차로 어디든지 쉽게 찾아가며, 영화나 TV 프로그램도 내가 원하는 시간에 원하는 장소에서 볼 수 있다.

지금 우리 인류는 특유의 특성을 갖는 소재를 선택하여 사용하는 범주에서 벗어나, 소재의 궁극적인 원리와 구조를 규명하여, 우리에게 필요한 임의의 특성을 갖는 신소재를 설계하고 응용하는 시대에 살고 있다. 신소재라는 정의는 시간 축에 의해 달라진다. 오늘의 신소재가 내일에는 신소재로 정의되지 않을 수도 있다.

이 책에서는 현대 사회와 산업에 중요한 반도체소재, 자성소재, 탄소소재, 복합소재, 생체모방소재, 나노소재를 중심으로 신소재의 원리와 응용을 다룬다. 이후 신소재의 발굴과 관련한 향후 전개 방향에 대해 언급한 뒤에 마무리할 것이다. 이해를 돕기 위해 소재의 공통적인 원리와 특성을 부록에서 설명하고 있으니 관심있는 독자들은 꼭 읽어보기를 권한다.

2

인공지능을 가능하게 하는 반도체

컴퓨터가 인간을 이기다

2016년 3월 9일부터 15일, 구글Google의 자회사인 딥마인드DeepMind가 개발한 알파고AlphaGo[1]는 인류가 만들어낸 가장 어려운 게임인 바둑에서 당시 지구상에서 가장 뛰어난 바둑기사인 이세돌을 상대로 승리했다. 즉, 반도체로 만든 인공두뇌, 그리고 이 인공두뇌가 스스로 학습하여 쌓은 인공지능이 인류를 능가할 수 있다는 역사적인 이벤트를 만들어낸 것이다.

알파고는 300여 대의 기업용 서버를 결합하여 1202개의 중앙처리장치(CPU: 컴퓨터의 시스템을 통제하고 프로그램을 이용한 연산을 실행하는 반도체칩), 176개의 그래픽 처리장치(GPU: 시각정보 처리에 최적화하여 개발된 새로운 반도체칩) 그리고 100만 개가 넘는 메모리 반도체로 이루어진 거대한 컴퓨터를 이용해 개발된 인공지능 바둑 프로그램이다.[2]

1 알파고AlphaGo: 여기서 alpha는 뛰어나다는 의미이고 Go는 바둑을 뜻하는 단어이다.

2 이세돌이 바둑 게임에 소모한 열량에 비해 알파고는 약 6000배 이상의 에너지를 소모했고, 약 30조 원의 개발비가 소요됐다.

그림 2-1 이세돌 프로 기사와 인공지능 알파고의 바둑 대결

출처: 한국기원

이 결과는 단순히 컴퓨터가 게임에서 인간을 이길 수 있다는 의미에 그치지 않았다. 이세돌은 21년간 1만 번의 실제 바둑 시합을 통해 얻은 실력이었고 알파고는 1년간 10만 번에 해당하는 다른 사람의 바둑 시합 결과를 공부한 게 다였기 때문이다.

구글 딥마인드는 이에 그치지 않고 이러한 고성능 컴퓨터를 스스로 학습시켜 새로운 전문분야를 개척해 나가게 하고 있다. 인공지능 의사, 인공지능 화가, 인공지능 작가, 인공지능 과학자 등 그 확장 가능성은 무궁무진하다. 바둑이 어려운 이유는 바둑알을 배치하는 경우의 수가 10^{170}에 달해 인간이 평생 반복해도 모든 게임의 경우를 경험할 수 없기 때문이다. 또 신약을 설계하는 데 필요한 정보인 단백질 접힘의 경우의 수는 이보다 훨씬 많은 10^{300}이다. 그러나 인공지능은 알려진 단백질 구조 17만 개를 128개의 GPU를 이용해 학습함으로써 2주 만에 10^{300}개의 단백질 분석 능력을 습득했다고 한다. 이러한 능력을 갖춤으로써 하나의 단백질을 실험으로 분석하

는 데만 수년 걸리던 것을 알파폴드AlphaFold(여기서 fold는 단백질 접힘을 의미)라는 인공지능을 이용하면 몇 분 안에 단백질 구조를 알아낼 수 있는 능력을 갖추게 됐다.

최근 인류 전체를 위협하는 코로나-19의 스파이크 단백질 분석에도 이러한 기술이 신약의 설계에 도움을 주었다는 이야기도 들려 온다. 이렇게 반도체 기술은 이미 우리 생활 속으로 깊숙이 들어와 있으며, 우리가 사용하는 대부분의 제품 안에는 반도체 기술이 거의 들어가 있다. TV, 냉장고, 세탁기와 같은 가전제품은 물론 자동차도 반도체 소자 없이는 만들 수 없다. 2021년에는 전 세계에 닥친 차량용 반도체의 품귀현상으로 웬만큼 인기 있는 차량은 주문 후 6개월에서 1년까지 기다려야만 자동차를 인도받을 수 있는 상황이 펼쳐지고도 있다. 일반 내연기관 자동차에는 약 200개, 단순한 전기 자동차에는 약 500개, 자율주행 성능이 탑재된 자동차에는 1000~2000개 정도의 반도체 소자가 필요하다니 놀라운 일이 아닐 수 없다.

전 세계 자율주행 자동차에 탑재된 각종 반도체 소자와 센서들은 1초에 백만 개 이상의 데이터를 새로 만들어내면서 완전자율주행에 필요한 능력을 갖추어 가고 있다. 또한 고효율 조명장치로 활용되는 발광 다이오드light emitting diode: LED나 빛에서 전기를 만들어내는 태양전지(solar cell)도 반도체의 원리를 활용한 발명품이다.

전기 현상의 발견

옛날 사람들도 번개의 위력은 잘 알고 있었지만, 이를 신의 행동이라고 여

그림 2-2 번개와 벤자민 프랭클린의 연을 이용한 번개 실험

겼다. 고대 그리스 철학자들은 호박amber이라는 보석을 천으로 문지르면 얇은 천, 종이 그리고 사람의 머리카락 등을 잡아당기는 현상을 발견했다. 그들은 신비한 힘이 존재한다는 것은 알았으나 정확한 원인을 규명하지는 못했다. 그러나 이제는 호박이라는 보석이 나무의 진(수지)이 굳어진 천연 폴리머의 일종이고, 폴리머를 비비면 전하가 발생하고 축적된다는 것이 밝혀졌다.

18세기 후반까지는 전기가 실제로 무엇인지 이해하는 사람은 없었다. 벤자민 프랭클린Benjamin Franklin[3]과 그의 연 이야기를 들어본 사람이 있을 것이다. 그는 번개가 전기와 같은 성질을 갖는다는 사실을 증명하기 위해 철사가 달린 연을 비 오는 하늘로 날리면서 연과 연결된 명주실 끝에 구리열쇠를 매달아 놓았다. 번개가 연을 때림과 동시에 벤자민 프랭클린이 열쇠에 손가락을 갖다 대자 열쇠에서 불꽃이 일며 손가락에 충격이 느껴졌다. 마침내 번개가 구름 속에서 생긴 전기임을 증명한 것이다(그림 2-2).

19세기에 들어서면서 전기를 조절할 수 있는 실험들이 계속하여 시행되었고, 그 결과로 발전기, 전등, 전기모터 등이 개발됐다. 놀랍게도 이 발명들은 전기를 일으키는 원인과 이유를 알지도 못하면서 탄생했다. 전자electron와 전기의 기본 원리는 1897년에 조세프 톰슨Joseph John Thomson이라는 영국의 과학자가 최초로 규명하기 시작했다. 실제로 톰슨은 전기의 근원이 되는 원자보다 작은 크기의 전하 물질에게 코르퍼설corpuscle[4]이라는 이름을 붙였지만, 과학협회에서는 호박의 고대 그리스명을 따서 전자

3 벤자민 프랭클린Benjamin Franklin: 미국의 독립에 기여하여 미국 건국의 아버지라 불리는 그는 스웨덴과 프랑스 초대 대사로도 활동했다. 과학에도 큰 관심이 있어 피뢰침과 다초점 렌즈를 발명했으며, 미국 달러에 얼굴이 새겨진 사람으로서 대통령이 아닌 두 사람 중 하나이다(벤자민 프랭클린 100달러, 알렉산더 해밀턴 10달러).

4 코르퍼설corpuscle: 작은 입자라는 의미로 영어의 particle에 해당한다.

electron[5]라는 이름을 선택했다.

19세기 과학자들은 정확한 전기의 근원은 몰랐지만, 신비한 힘인 전기를 통하게 하거나, 새어나가지 않도록 하기 위해서는 특정한 재료가 필요하다는 것을 알게 됐다. 금속은 좋은 전기 도체 역할을 할 수 있으며 금속의 연성과 가공성이라는 특성을 이용하여 긴 전선을 만들 수 있다는 것을 알게 됐다. 반면에 세라믹, 유리, 폴리머 등은 뛰어난 전기 부도체인 것이 초기 실험을 통하여 밝혀졌다. 이들 도체와 부도체를 이용하여 19세기의 전기 발명과 혁명이 도래했다.

과학자들은 19세기에 전기에 대한 또 다른 사실을 발견했다. 전기에는 한 방향으로만 흐르는 직류direct current, DC와 전기가 흐르는 방향이 계속 바뀌는 교류alternating current: AC라는 현상이 있다는 것이다. 전기 제품에 따라 직류 혹은 교류를 선택적으로 사용하여야 한다. 자동차나 손전등에 사용되는 배터리는 직류를 생산해낸다.

1870년대에 천연 황화납(PbS)이 교류를 직류로 변환하여 줄 수 있다는 사실을 발견했다. 교류의 처음 반주기(즉, 같은 방향으로 흐르는 전류)는 황화납을 통과할 수 있으나, 전류의 방향이 반전된 그다음 반주기의 전류는 흐르지 못했다(그림 3-3). 반도체인 황화납으로 들어온 전기는 교류였지만, 황화납을 통해 나오는 전류는 직류가 된 것이다. 이 발견은 과학자들이 새로운 전기 소자를 연구하도록 촉발했다. 전자파 신호를 전기적인 신호로 바꾸고, 최종적으로 소리(음파)로 변환하는 라디오 개발의 첫 발자국이 되는 가장 중요한 소자 중의 하나가 발명된 것이었다.

---

5 그리스어로 호박을 의미하는 단어가 elektron이다.

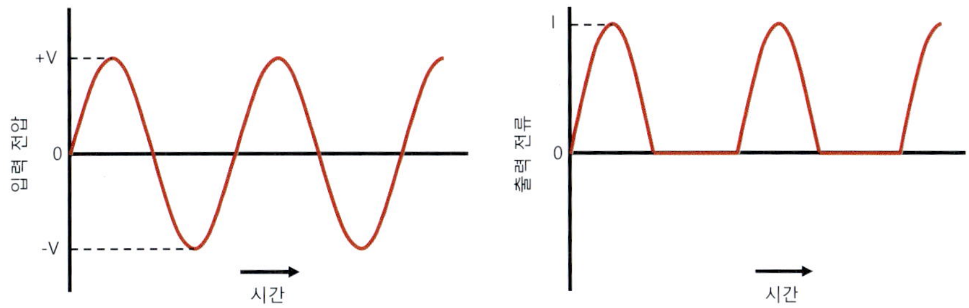

그림 2-3 교류의 입력 신호를 직류로 출력하는 정류작용

전기는 어떻게 흐르는가?

우리가 사용하고 있는 컴퓨터, 스마트폰, 자동차의 자율주행 장치 안에서는 과연 어떻게 전기의 흐름이 일어날까? 모든 물체는 여러 가지 성분으로 이루어져 있고, 더이상 나눌 수 없는 성분의 최소 단위는 원자다. 원자는 양(+)의 전하를 띄고 있는 원자핵과 그 주위를 돌고 있는 아주 작고 음(–)의 전하량을 가지는 전자로 이루어져 있다. 이들이 전기라는 현상을 일으키는 근원적인 주인공이다. 전기는 곧 전자의 흐름인 것이다.

우리가 파이프를 통하여 물을 흐르게 하는 것과 마찬가지로, 전자를 사용하기 위해서는 금속 배선을 통하여 전기가 흐르게 한다. 이처럼 실제로 반도체 소자 안에서 벌어지고 있는 눈에 보이지 않는 현상들은 물을 다룰 때 일어나는 현상(물이 흐르고 저장되는 것)들에 비유하면 쉽게 이해할 수 있다.

물탱크가 물을 공급하는 근원인 것처럼, 배터리는 전기를 공급하는 근원이다. 높이 위치한 물탱크에 차 있는 물을 파이프로 밀어내는 힘이 수압인 것처럼, 배터리에 저장되어 있는 전기를 이동시키려고 하는 힘을 전압voltage이라고 한다. 이러한 전압은 전기를 금속 배선으로 밀어내어 가전제품과 같은 목적지로 보내는 힘을 제공한다. 파이프에서 단위 시간당 흐르는 물의 양을 유량이라 부르는 것처럼, 배선을 통하여 흐르는 전기의 양을 전류current라고 한다.

필요한 물의 양은 용도에 따라 달라진다. 세면대에서는 필요한 물의 양이 상대적으로 적지만, 공업용수나 소방용수에서는 한꺼번에 많은 양의 물이 필요하다. 전기에서도 마찬가지다. 스마트폰에 사용되는 반도체 소자에서는 요구되는 작동 전압과 전류가 작지만, 조명이나 모터에서는 크다. 물의 경우 수압과 유량은 물이 흐르는 파이프의 지름과 펌프, 밸브 등의 배관

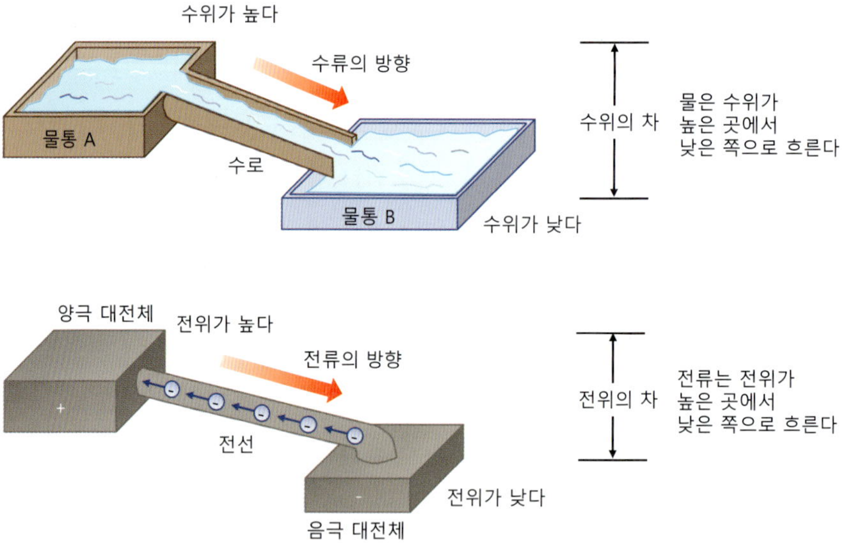

그림 2-4 수압(수위의 차)에 의한 물의 흐름과 전압(전위의 차)에 의한 전류의 흐름

설비에 의해서 조절된다. 한편, 전기의 경우에는 전기가 흐르고자 하는 힘 voltage과 양current은 전선의 전도도와 굵기 그리고 다이오드, 트랜지스터, 반도체, 커패시터 등의 다양한 반도체 소자의 특성에 의해서 조절된다.

진공관: 전자공학을 열다

1896년 굴리엘모 마르코니Guglielmo Marconi[6]는 최초의 라디오 통신(무선통신)을 개발했다. 그는 그 당시에는 상상할 수 없었던 2.5 km나 떨어진 곳에 무선 신호를 보냈다. 1901년에 마르코니는 무선 신호를 영국해협과 대서양을 넘어 보내는 데도 성공했다. 그러나 이 기술은 대중적인 실용화까지 도달하지는 못했다. 그 기술에서 가장 중요한 문제 중의 하나는 멀리 전달되면서 희미하게 약해진 라디오파[7] 신호를 사람들이 들을 수 있는 소리를 만들 수 있는 강한 전기적 신호로 만드는 것이었다. 1902년부터 개발된 진공관[8]은 바로 이 역할을 위해 발명됐다.

1910년경에 진공관 기술을 사용한 라디오를 제작하기는 하였으나 대중

6 굴리엘모 마르코니Guglielmo Marconi는 이탈리아의 물리학자로 장거리 무선통신의 기초를 마련하였으며 1909년 노벨물리학상을 받았다.

7 라디오파 혹은 전파는 진동수 3 킬로헤르츠부터 3 테라헤르츠까지의 전자기파를 의미한다. 라디오, 지상파 텔레비전, 레이더에서 사용하는 주파수이다. 파동은 진행하는 도중에 산과 건물 등의 장애물에 의해 방해를 받아 신호가 약해지는데, 파장이 짧을수록 방해를 더 많이 받는다. 상대적으로 짧은 파장을 갖는 FM방송은 음질이 좋지만 AM 방송에 비해 장애물의 영향을 많이 받는다.

8 진공관은 진공 속에서 전자의 움직임을 제어함으로써 전기 신호를 증폭시키거나 교류를 직류로 정류하는 데 사용하는 장비로, 진공상태의 유리관 안에 있는 전극으로 구성된다. 나중에는 더 작고 싸고 성능이 좋은 트랜지스터로 대체됐다.

그림 2-5 진공관 라디오

화되지는 못하고 항해 중인 배와 해안 연락소 간의 통신에 주로 사용됐다. 그 후에 1차 세계대전이 발발하면서 군사적인 목적으로 통신의 중요성이 더욱 증대되었지만, 종전 후에야 비로소 대중적인 사용이 실현됐다(그림 2-5). 1922년도에만 약 6000만 달러어치의 라디오가 팔렸으며, 1929년도에는 9억 달러 시장으로 급성장했다. 드디어 전자시대가 실질적으로 도래하기 시작한 것이다. 라디오의 뒤를 이어 1920년도 후반에는 최초의 흑백 TV가 개발되었고, 1940년대에는 컬러 TV가 개발됐다.

진공관의 개발은 전자공학에서 매우 획기적인 사건이었지만 나름의 한계도 있었다. 진공관은 크고 깨지기 쉬웠으며 많은 전력이 소모되고 너무나 많은 열을 방출하였기 때문에 반드시 냉각을 시켜야 했다.

컴퓨터는 무엇인가?

컴퓨터computer라는 단어의 어원인 라틴어 컴푸타레computare는 '생각을 정리하면서 수식을 따라 계산하는 것'이라는 의미이다. 계산을 하는 모든 것을 지칭한다고도 한다. 사람이 쉽게 계산할 수 없는 일을 맡기기 위해 복잡한 컴퓨터가 탄생하게 된 것이다.

주목할 만한 초기의 컴퓨터로는 에니악ENIAC이라는 제품이 있다(그림 2-6). 제2차 세계대전 당시 포탄의 탄도를 정밀하게 계산할 목적으로 개발되었던 에니악은 18,000여 개의 진공관과 7만여 개의 저항기, 그리고 1만여 개의 콘덴서로 구성되었으며 가로 폭은 약 30 m, 높이는 약 2.4 m, 세로 폭은 0.9 m, 그리고 무게는 약 27 t에 달하는 거대한 장치였다. 복잡한 여러

그림 2-6 1940년대에 개발되어 1955년까지 활용된 초기의 컴퓨터 에니악(ENIAC: Electronic Numerical Integrator and Computer).

가지 문제를 풀 수 있는 능력을 갖추었지만 거대한 몸집과 운영에 들어가는 막대한 비용 때문에 아주 특수한 용도에만 사용되고 일반화되지는 못했다. 그러나 반도체를 이용한 소자의 발전으로 인해 컴퓨터는 일부 영역에서는 인간을 넘어서는 능력을 갖춘 첨단장치로, 그리고 그러한 능력을 아주 작은 크기에 넣음으로써 다른 전자장치를 제어하는 두뇌의 역할을 할 수 있도록 진화했다.

반도체소재의 전기적 특성

재료의 전기적 특성을 나타내는 척도인 전기전도도(즉, 같은 형상의 재료가 얼마만큼 쉽게 전기를 통하게 하는가를 나타내는 물성)는 재료에 따라 매우 큰 차이를 보인다. 대표적인 도체인 금속은 10^{7} $(\Omega \cdot m)^{-1}$ 정도의 전기전도도를 나타내지만, 부도체인 폴리머는 10^{-12}~10^{-17} $(\Omega \cdot m)^{-1}$ 범위의 전도도를 나타낸다. 물질에 따른 전도도의 최대 차이가 10^{24}배에 달하는 것이다.

그림 2-7에서 보는 것처럼 도체와 부도체의 중간적인 전기전도도를 가지는 물질을 반도체라고 부른다. 전기전도도의 역수를 고유 저항[9]이라고 정의하고 있으며, 고유 저항 혹은 전기전도도는 그 물체를 통해서 흐를 수 있는 전류를 결정짓는 특성이다. 전기전도도가 다른 물질들을 적절히 조합

9 고유 저항(resistivity: ρ)은 물질 고유의 특성이며 저항(resistance: R)은 같은 물질이라도 그 모양에 따라 달라진다. 즉 고유 저항에 물체의 길이를 곱하고 단면적으로 나누어주면 저항이라는 수치가 된다($R = \rho l/A$). 즉, 길이가 길수록 단면적이 작을수록 저항이 커지고, 따라서 흐를 수 있는 전류의 크기는 작아진다($I = V/R$).

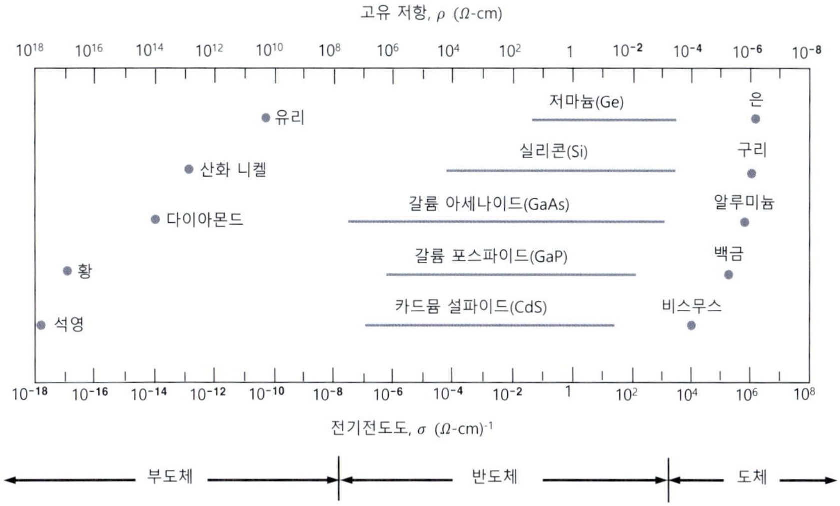

그림 2-7 소재에 따른 전기전도도와 고유 저항

하면 특정한 조건에서 원하는 만큼의 전류를 흐르게 하는 전자소자를 만들어낼 수 있고, 반대로 외부 조건이 변함에 따라서 흐르는 전류의 양이 변화하는 장치도 만들어 낼 수 있다. 그런데 조절이 가능한 전기적 특성을 얻기 위해서는 반도체 물질의 선택이 매우 중요하다. 도체와 부도체는 전기전도도가 거의 결정되어 있지만, 반도체는 전기전도도를 넓은 범위로 조절할 수 있기 때문이다.

반도체소재의 다른 특징도 있다. 도체는 온도가 올라갈수록 저항이 증가하여 전기전도도가 감소하는 반면, 반도체는 온도가 올라감에 따라 전기전도도도 증가한다. 도체의 경우에는 온도의 증가에 따라 원자의 진동이 커져서 전자의 움직임을 방해할 확률이 높아진다. 즉, 저항이 증가하므로 전류가 흐르기 어려워지고, 전기전도도가 감소하는 것이다. 반도체의 경우에

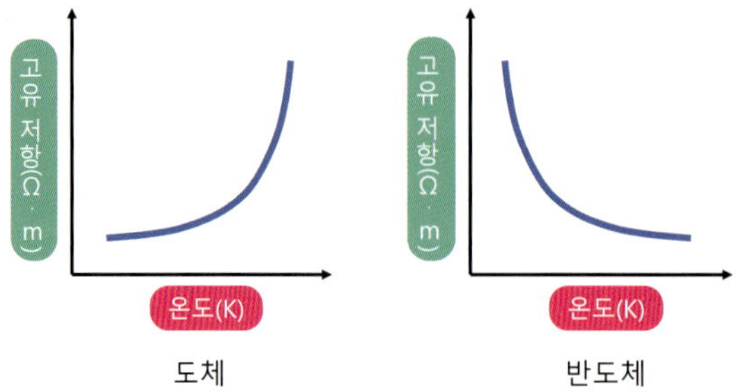

그림 2-8 도체와 반도체의 온도에 따른 저항의 변화

는 원자에 묶여있던 전자가 에너지를 받아 자유로이 운동할 수 있는 전자로 바뀌는(전자가 가전자대에서 전도대로 들뜨는) 양이 많아지게 되어 저항이 감소하고, 전기전도도가 증가한다. 즉, 온도의 상승은 반도체소재의 에너지가 증가하는 결과를 초래하는 것이다.

이러한 관점에서 보자면 온도의 변화뿐만 아니라 다른 여러 에너지원을 통해서도 같은 효과를 만들 수 있다. 태양광으로부터 전기를 만들어 낼 수 있는 이유도, 적외선을 감지할 수 있는 이유도 바로 파동 에너지가 열에너지와 마찬가지로 반도체소재의 에너지를 높일 수 있기 때문이다.

온도에 따른 반도체 저항의 변화를 좀 더 자세히 살펴보자. 절대온도 0도[10]에서 반도체는 전도성이 없다. 즉, 부도체의 특성을 나타낸다. 그러나 온도가 증가함에 따라 전도도가 점차 증가하는데, 이는 전기를 흘려줄 수 있는 전하 운반자charger carrier의 수가 증가하기 때문이다. 반도체의 전하 운반자는 두 가지이다. 하나는 도체의 전하 운반자인 전자electron이고, 다른

10 절대온도(K)는 섭씨온도(℃)에서 273을 뺀 숫자로 표시한다. 0 K(= -273℃)는 이론적인 온도의 최저점으로 열에너지가 0이 되는 기준이다.

하나는 정공hole[11]이라고 부른다. 이 두 전하 운반자가 반도체에서 전류의 흐름을 일으킨다.

전자는 음(–)의 전하를 띠고 정공은 양(+)의 전하를 띤다. 이러한 두 가지 전하의 존재로 인해 전기전도도를 조절하는 특별한 방법이 반도체소재에 존재하는데, 불순물을 섞어 주는 도핑doping이라는 방법이다. 섞어 주는 불순물의 종류에 따라, 양의 전하 운반자 혹은 음의 전하 운반자를 선택적으로 증가시킬 수 있어 전기전도도를 정밀하게 조절할 수 있다.

전자가 주된 전하 운반자 역할을 하도록 만든 반도체를 N형 반도체, 정공이 주된 전하 운반자 역할을 하도록 만든 반도체를 P형 반도체라 부른다.

불순물의 종류 및 농도 그리고 작동하는 온도에 따라서 반도체소재에서 전기의 흐름, 즉 전기전도도가 달라지지만, 실제 반도체 소자의 작동은 전기적인 신호에 의해서 결정된다. 불순물과 온도는 반도체 소자가 작동하는 기본적인 환경에 해당되고, 실제로 반도체를 이용해 계산을 하고 기억을 하는 기능은 바로 전기적인 신호를 줌으로써 부여한다는 것이다. 도체, 반도체, 부도체를 복잡한 3차원 구조로 배열하여 조합함으로써, 독특한 성능을 나타내는 다양한 반도체 소자(CPU, DRAM, Flash memory 등)를 만들어 낼 수 있었다.

---

11 원래 정공hole은 존재하던 전자가 빠져나간 자리를 의미하지만, 개념을 단순화하기 위해서 전자와 마찬가지로 입자(알갱이)인 것처럼 가정한다.

트랜지스터의 발명

과학자들은 계속해서 전자와 전기 현상을 연구했다. 1920년대 후반에 펠릭스 블로흐Felix Bloch는 밴드 이론band theory을 제안했다. 밴드 이론은 재료 내의 전자가 허락된 에너지 밴드에만 존재한다는 것이다. 밴드 이론은 과학자들에게 반도체로 이루어진 고체 소자가 진공관이 하는 역할을 대신할 수 있을 것이라는 확신을 주었다. 이 발견으로 우리의 삶이 완전히 바뀌는 혁신이 시작됐다.

이른바 최초의 트랜지스터는 1947년에 미국 벨연구소에서 연구하던 존 바딘John Bardeen, 월터 브래틴Walter Brattain, 윌리엄 쇼클리William Shockley에 의하여 발명됐다. 그들은 현재 가장 많이 사용되고 있는 실리콘(Si)과 비슷한 특성을 가진 저마늄(Ge)[12] 조각을 반도체소재로 사용하고, 금속 접합을 형성하여 단일소자를 만들었다. 또한, 단순한 소자가 진공관의 역할(전기신호 증폭)을 수행할 수 있다는 것을 입증하고, 이 소자를 '변환 저항transfer resistor[13]'이라고 이름을 붙였다. 증폭과 스위칭의 역할을 한다는 의미였다. 이후에는 '점접합 트랜지스터point contact transistor' 혹은 간략하게 '트랜지스터transistor'라는 이름이 붙여졌다. 이러한 성과로 이 세 과학자는 1956년 노벨물리학상을 받았다.

---

12 저마늄 또는 게르마늄(Ge: 원자번호 32)은 실리콘(Si: 원자번호 14)과 마찬가지로 최외각 전자가 4개인 14족 원소이다. 반도체소재의 공통점은 평균 최외각 전자가 4개라는 사실이고, 이 4개의 최외각 전자는 주변 원자들과 상대적으로 강한 공유 결합을 형성한다.

13 전기신호를 전달해주는 장치이지만 전류의 흐름을 자유롭게 변경할 수 있다는 의미이다.

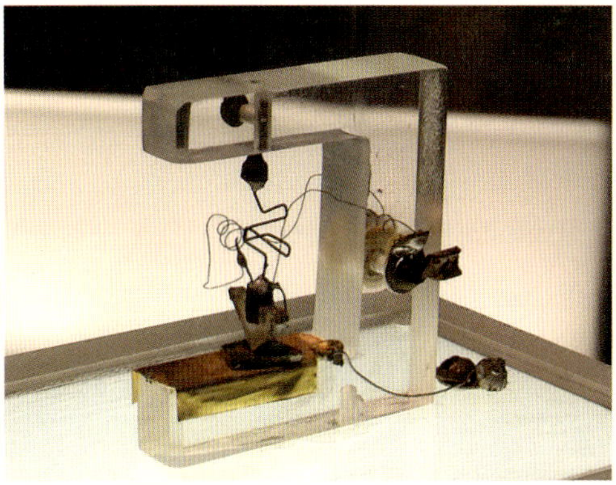

그림 2-9 저마늄 조각을 이용해 제작된 세계 최초의 트랜지스터

트랜지스터가 발명되면서 전자제품을 진공관을 사용했을 때보다 훨씬 소형화할 수 있는 중요한 계기가 마련됐다. 소형화뿐만 아니라 트랜지스터는 상대적으로 적은 전력을 소모하였으며 발열 또한 적었다. 전력 소모가 많은 진공관 라디오와는 달리, 더 작고 전력 소모도 적은 트랜지스터 라디오는 사람이 들고 다닐 수 있는 최초의 휴대형 전자제품이라 볼 수 있다.

1950년 이후에는 다양한 반도체 소자가 발명됐다. 전자제품 속에서 흐르는 전류량을 조절하는 밸브, 스위치 역할을 할 수 있는 반도체 소자뿐만 아니라, 교류에서 직류로 변환시키거나 정보를 저장할 수 있는 소자도 있다.

집적회로Integrated Circuit의 발명

트랜지스터는 분명히 대단한 발명품이었다. 그러나 스위치의 역할을 하는 트랜지스터만으로 컴퓨터, 스마트폰 등의 전자제품을 만들 수는 없다. 트랜지스터뿐만 아니라 서로 다른 역할을 하는 개별 소자(다이오드, 커패시터 등등)를 적절하게 배치하여 하나의 반도체 조각 위에 만든 장치를 집적회로 Integrated Circuit, IC라고 한다.

최초의 집적회로는 1958년 미국 Texas Instrument(텍사스 인스트루먼트)사[14]의 잭 킬비Jack Kilby에 의해 탄생했다. 이 집적회로는 작은 실리콘 조각 위에 저항과 커패시터를 트랜지스터와 함께 만든 매우 단순한 구조였는데 오늘날에는 이런 집적회로를 실리콘 칩Si chip 혹은 단순히 칩chip이라고 부르기도 한다.

거의 같은 시점에 Fairchild Semiconductor(페어차일드 세미컨덕터)사의 로버트 노이스Robert Noyce와 고든 무어Gordon Moore도 비슷한 집적회로를 개발하였으며, 필요한 전자소자를 집적회로 속에 집어넣는 개념도 고안해냈다. 1962년에 이르러 집적회로 기술은 트랜지스터, 저항 등의 전기요소를 포함하는 칩의 크기를 수 mm로 소형화시켜 약 4백만 달러어치의 매출을 올렸지만, 이는 현재의 반도체 산업의 규모에 비하면 새발의 피[15] 정도밖에 되지 않는 규모이다. 집적회로 기술은 비약적인 발전을 거듭하여 1970년대 초반에 1 cm^2의 작은 면적의 실리콘칩에 수천 개의 소자를 함께 배열할 수 있게 되었고, 휴대용 전자계산기 안에서 두뇌 역할을 하여 계산을 실행하는 칩을 만들 수 있을 만큼 복잡해졌다. 이것이 고집적Large Scale Integration, LSI이라는 전자혁명의 시작이었고 1974년 LSI 시장은 20억 달러로 급증했다.

14 Texas Instrument는 텍사스에 매장되어 있는 유전의 탐사와 국방에 필요한 전자장치를 만드는 회사인 1930년에 설립된 GSI로부터 시작됐다. 세계 최초 상업용 트랜지스터와 트랜지스터 라디오가 TI에 의해 개발된 것이 1954년이었다.

15 2021년 전 세계 반도체 시장의 규모는 약 5270억 달러 규모로 지난 60년간 13만 배로 시장이 커졌다.

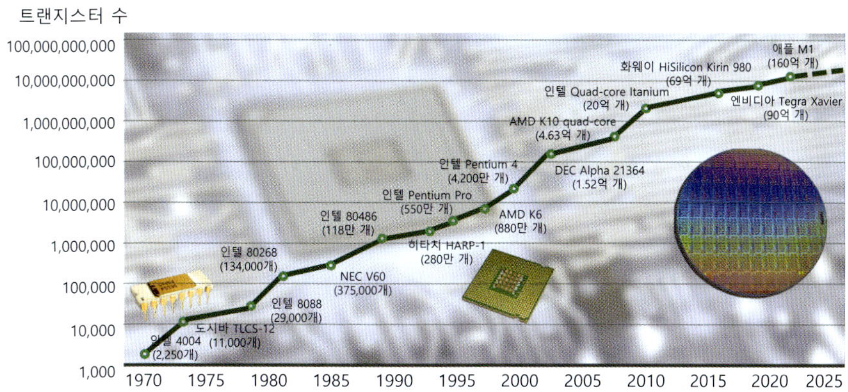

그림 2-10 무어의 법칙에 따라 발전한 반도체 집적화 기술

1970년부터 오늘날까지 반도체 산업은 눈부신 속도로 발전하여왔다. 1980년대부터는 단일 실리콘칩 위에 백만 개 이상의 트랜지스터가 존재하는 VLSIVery Large Scale Integration 기술이 구현되어, 진공관을 사용하였을 때에는 큰 방을 채울 정도의 부피를 가지는 컴퓨터에 해당하는 성능을 손톱보다 작은 실리콘 칩으로 구현할 수 있게 됐다. 이러한 반도체 소자의 집적기술의 발전 속도를 예측한 사람이 바로 페어차일드사와 Intel(인텔)사의 공동창업자였던 고든 무어이다. 무어는 1965년 발표한 논문에서 집적회로 기술은 반도체 생산비용을 줄이면서도 성능을 개선할 것이며, 하나의 반도체 칩에 집적되는 트랜지스터의 개수는 18개월마다 두 배씩 증가할 것이라고 예측했다. 이를 무어의 법칙Moore's Law[16]라고 부르게 되었으며, 수십 년간 그의 예측에 따라 반도체 집적기술은 발전에 발전을 거듭하고 있다.

16 엄밀히 말하면 무어의 법칙은 물리적인 법칙이 아니라 무어의 예측이다.

집적회로를 구성하는 반도체 소자의 작동 원리

트랜지스터는 전자제품 속에서 각각의 전자소자에 흐르는 전기량을 조절하는 밸브, 켰다 껐다하는 스위치, 그리고 신호를 증폭하는 증폭기 역할을 동시에 할 수 있는 가장 중요한 반도체 소자이다. 여러 종류의 트랜지스터가 발명되었지만, 현재 가장 많이 사용되는 트랜지스터는 MOSFETMetal-oxide-semiconductor field effect transistor[17] 구조이다(그림 2-11).

FET는 트랜지스터의 전계 효과field effect라는 작동 원리를 나타내고 MOS는 전계효과라는 작동 원리를 구현하기 위해서 사용된 금속(M)-산화물(O)-반도체(S) 3층 구조를 의미하는 것이다. 산화물oxide층을 이용해 반도체semiconductor층과 전기적으로 분리된 금속(metal. 게이트라고 부르기도 한다)층에 전압을 가해주면, 금속에서 반도체로 전류는 흐르지 않지만 전기장(전계: electric field)은 반도체로 인가된다. 반도체 표면에는 금속에 인가된 전압(+ 혹은 –)과 반대 극성의 전하(전자 혹은 정공)가 흐를 수 있는 통로가 일시적으로 만들어지고, 따라서 MOSFET은 일종의 전기 스위치가 된다.

MOSFET의 작동 원리를 간단히 살펴보자. 산화물층 위에 있는 금속(게이트gate)에 양(+)의 전압을 가하면 반도체에 있는 전자들은 양의 전압에 이끌려서 반도체 표면(즉, 산화층과 반도체의 경계면)에 모이게 된다. 이 모인 전자들은 N형으로 도핑한 두 영역(소스source와 드레인drain)을 연결시키는 길(채

17 MOSFET은 공정기술의 발전에 따라 지속적으로 미세화가 가능한 트랜지스터 구조로 집적회로(IC) 산업에 지대한 공헌을 한 발명품이다. 이를 개발한 주역 중 한 사람이 당시 벨 연구소Bell Laboratory에 근무하던 한국인 강대원 박사이다. 1960년에 개발된 이 기술이 이제까지도 계속 활용되고 있는 것이다.

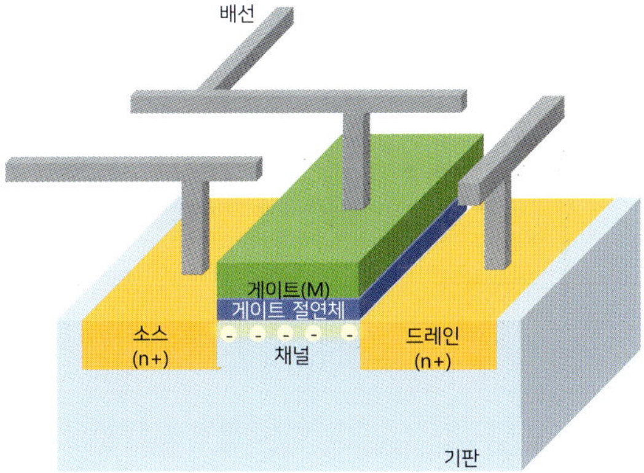

그림 2-11 트랜지스터의 구조

널channel)을 만들어 준다. 이후 원하는 전류의 방향에 따라 소스와 드레인 두 영역에 전압의 차를 주게 되면 채널을 통해 전자가 원하는 방향으로 흐르게 되는 것이다(스위치 on 상태). 이러한 전기 스위치를 아주 작게 만들어서 새끼 손톱만한 크기 위에 수백억 개를 집적하면, 전기를 이용해 켰다 껐다 할 수 있는 아주 작고 효율적인 반도체 집적회로를 만들 수 있다.

한편 한쪽 방향으로만 전류를 흘려주는 정류작용을 하는 반도체 소자도 있는데, 이를 다이오드diode라고 한다. P형 반도체와 N형 반도체가 층층이 쌓인 단순한 구조로 이루어진 PN 접합 다이오드가 대표적인 제품인데, 이 단순한 다이오드의 기술을 활용하여 발광 다이오드light emitting diode: LED와 태양전지solar cell 등의 새로운 제품들이 개발됐다.

P형 반도체와 N형 반도체의 접합 부위에서 정공과 전자가 만나면 두 가지 전하가 사라지면서 에너지를 발산하게 되는데, 이때 발산되는 에너지를 빛으로 나타나도록 만들어 낸 소자가 바로 LED이다. 거꾸로 PN 접합 부위

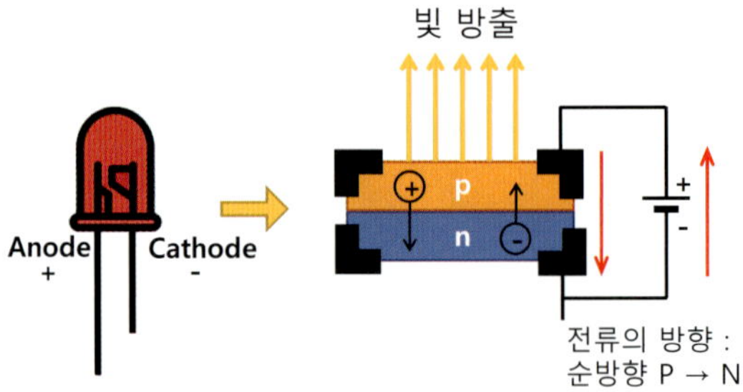

(a) 발광 다이오드 전기 → 빛

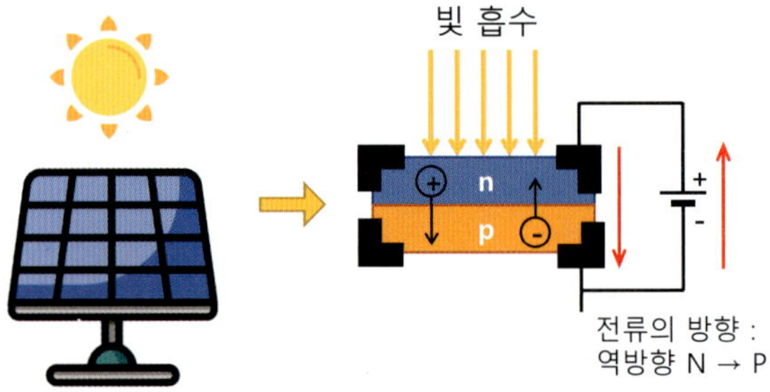

(b) 태양전지: 빛 → 전기

그림 2-12 PN 접합을 이용한 발광 다이오드LED와 태양전지solar cell의 작동 원리

에 빛이 도달하면 그 빛의 에너지를 흡수하여서 전자와 정공이 발생하고, 이때 흐르는 전류를 이용하는 장치가 바로 태양전지이다. 이러한 원리를 활용하면 이미지 센서를 포함한 각종 광센서photo sensor도 만들어 낼 수 있다.

또한 전하를 저장해 두기 위한 커패시터capacitor라는 반도체 소자도 많이 활용된다. 커패시터는 두 개의 도체 판 사이에 유전체가 위치하는 구조이다. 유전체는 절연성을 가져서 전류가 흐를 수는 없지만, 분극 현상으로 인해 대전이 되는 물질이다. 따라서 커패시터에 연결 단자를 통해 전압을 걸어주면, 양쪽 도체 판에는 다른 극성의 전하가 각각 유도되어 전하가 축적된다. 전하가 완전히 축적되면 디지털 신호 1, 그렇지 않으면 0을 나타낸다.

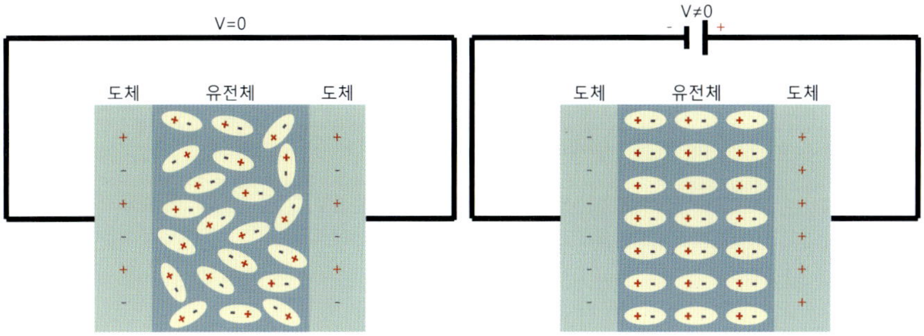

그림 2-13 커패시터의 작동 원리

메모리 반도체

DRAM

DRAMDynamic Random Access Memory은 위에서 설명한 트랜지스터 하나에 커패시터 하나를 결합하여 만들어진 메모리로, 구조가 간단하여 미세화 혹은 집적화가 쉬운 메모리 장치이다(그림 2-14). 발명한 사람은 IBM 연구소에 근무하던 로버트 데나드Robert H. Dennard이지만, 이를 사업화에 성공한 회사는 CPU 제조사로 유명한 미국의 인텔[18]이다.

18 1968년 로버트 노이스와 고든 무어가 공동 설립한 인텔은 1970년 1k DRAM을 만들어 많은 수익을 냈지만, 이를 지켜본 일본 대기업들이 모두 1980년대에 들어 메모리 반도체 시장에 진입함으로써 메모리 가격의 하락으로 1986년 메모리 사업에서 철수하고 CPU 사업에 집중하게 된다. 이와 동시에 미국 반도체협회 회장이었던 로버트 노이스는 일본 기업들을 반덤핑 혐의로 제소하고 미일 반도체협정을 이끌어내 일본 반도체 산업은 큰 타격을 입었고, 그 틈을 타 한국의 반도체 산업이 성장할 수 있는 계기가 됐다.

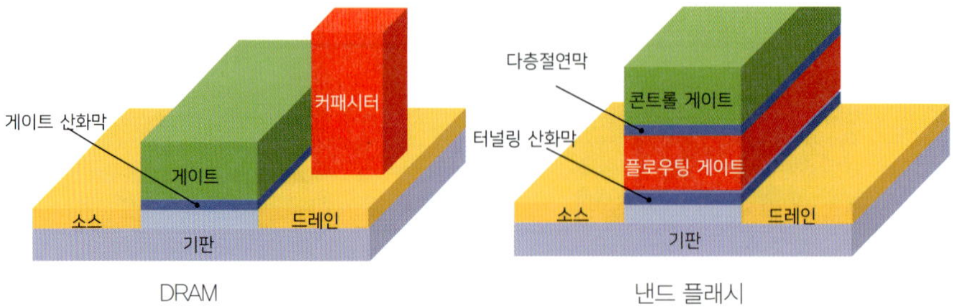

그림 2-14 DRAM과 플래시 메모리의 구조

컴퓨터는 0과 1로 표현되는 2진법으로 모든 연산을 하기 때문에 DRAM이라는 메모리 장치도 0과 1의 두 경우만 기억하면 된다. 트랜지스터의 조작을 통해 커패시터에 전하를 저장하거나, 이미 저장한 전하가 트랜지스터를 통해 빠져나가게 함으로써 1과 0의 데이터를 기억할 수 있다. 커패시터는 시간이 지나면 자연적인 방전으로 인해 전하를 상실하기 때문에 이를 다시 복구하는 재생refresh 과정이 반복적으로 필요하며, 전원의 전압이 꺼지면 데이터가 모두 지워지므로 휘발성volatile 메모리라고 부른다.

플래시 메모리

전원이 꺼지더라도 저장된 데이터의 손실이 일어나지 않아 비휘발성non-volatile 메모리로 분류하는 플래시 메모리flash memory는 커패시터와 같은 별도의 저장공간을 이용하는 대신 트랜지스터의 구조를 약간 변형시켜 만들었다.

우선 MOS 구조를 콘트롤 게이트/다층절연막(산화막/질화막/산화막 적층 구조)/플로우팅 게이트(다결정 실리콘)/터널링 산화막/반도체 구조로 변화시킨다. 이후 콘트롤 게이트에 전압을 가하면 반도체층에서 터널링 산화막을 통해 다결정 실리콘으로 만든 플로우팅 게이트floating gate층에 전자를 끌어 들여 저장할 수 있게 된다. 바로 이 플로우팅 게이트에 전자가 저장되어 있는지 없는지에 따라 1과 0의 메모리 데이터가 구성된다.

흔히 디지털 카메라 등의 저장 장치로 사용하고 있는 메모리 카드와 데이터를 복사해서 들고 다니는 USB 메모리 스틱이 모두 플래시 메모리이다. 또, 기존에 컴퓨터의 기억장치로 주로 사용되던 하드 디스크 드라이브hard disk drive(자성체를 이용한 비휘발성 고용량 메모리)를 대체하는 SSD(solid state drive 혹은 solid state disk)도 바로 플래시 메모리를 활용하여 개발된 고용량 비휘발성 메모리이다.

최근에는 집적도를 높이면서 전자를 저장하는 플로우팅 케이트 대신에 전하를 저장하는 재료로 부도체를 쓰는 구조CTF: Charge Trap Floating로 바꾸어 집적도를 높이는 방향으로 개발이 진행되고 있다. 또한 기존의 집적도의 한계를 벗어나기 위해서 2010년대부터 평면구조(2D)에서 3차원 구조(3D)의 제품이 개발·생산되고 있다.

인공지능 구현을 위한 반도체 기술

앞서 설명한 트랜지스터, 다이오드, 커패시터 등의 다양한 반도체 소자를 조합하거나 변형하면 메모리 반도체뿐만 아니라 연산 처리를 할 수 있는 이른바 시스템 반도체를 만들 수 있다. 대표적인 시스템 반도체로는 중앙처리장치Central Processing Unit, CPU를 들 수 있는데, 이 CPU는 0과 1로 입력된 데이터를 아주 빠른 속도로 처리할 수 있는 능력을 가졌지만, 한 번에 하나의 연산만 가능하다는 한계를 가지고 있다.

이보다 뒤늦게 개발된 그래픽처리장치Graphic Processing Unit, GPU는 CPU보다는 처리속도가 느리지만 동시에 여러 가지 연산을 할 수 있는 능력을 갖추고 있어 이미지 처리 등에 적합한 시스템 반도체이다. 우리의 뇌도 정보의 처리 속도는 느리지만 동시에 여러 가지의 처리가 가능하다는 점에서 GPU는 상대적으로 인간의 뇌에 조금 더 가까운 원리를 가지고 있다고 말할 수 있다.

최근에는 인공지능artificial intelligence: AI 시대를 맞이하여 단순한 연산 처리뿐만 아니라 스스로가 학습하고 추론할 수 있는 능력에 최적화된 시스템 반도체도 개발되고 있다. 이 중 하나인 뉴로모픽neuromorphic 반도체를 간단히 소개하고자 한다. 뉴로모픽이란 신경세포를 의미하는 뉴런neuron과 형태를 의미하는 모픽morphic이 합쳐진 합성어로 '신경세포 모양을 본뜬'이라는 뜻이다.

인간의 뇌는 수천억 개의 신경세포(뉴런)가 수만 개의 연결고리(시냅스)를 통해 서로 신호를 주고받으면서 순식간에 정보를 처리하고 저장한다. 약 1000억 개의 뉴런은 100조 개 이상의 시냅스를 통해 병렬적으로 연결되어 약 20 W 수준의 저전력으로도 기억·연산·추론·학습 등을 동시에 수행할 수 있다. 즉, 우리의 뇌는 장 서두에서 이야기했던 알파고의 6천 분의 1 정도의 에너지만 있어도 작동하는 고성능 컴퓨터인 것이다. 이러한 뇌 신경 구조를 모사해서 소자의 크기와 소모 전력을 줄이고자 하는 기술이 바로 뉴로모픽 반도체이다. 이러한 지능형 반도체를 이용하여 방대한 데이터를 학습하고, 학습한 내용을 바탕으로 주어진 문제에 대해 결과를 추론할 수 있는 능력을 축적해 갈 수 있는데 이것이 곧 인공지능이다.

사람의 뇌가 적은 전력을 사용하고도 막대한 정보를 빠르게 처리할 수 있는 이유는 뉴런과 시냅스를 잇는 연결 구조가 병렬로 이루어진 덕분이다. 뉴런은 소듐(Na)이나 포타슘(K)과 같은 이온 통로를 발현하여 전기적인 방법으로 신호를 전달하는 세포다. 또한 뉴런과 다른 뉴런을 연결해 주는 시냅스는 수시로 이어졌다 끊어졌다 하면서 에너지 소모량을 최소화하는 데 결정적인 역할을 한다. 이 과정에서 특정 시냅스를 강화하면 다른 시냅스는 약해지는데, 마치 반복 학습한 내용은 오래 기억하지만, 단기간에 학습한 내용은 금방 잊어버리는 현상과도 같다. 이를 시냅스 가소성synaptic plasticity이라고 하는데 이를 반도체 기술에 반영하는 것이 핵심이다. 따라서 뉴런과 시냅스에서 발생하는 전기적 신호를 반도체 형태로 구현하여 대용량의 데이터를 병렬로 처리할 수 있다면 적은 전력으로도 복잡한 연산이나 추론이 가능해진다는 개념에서 뉴로모픽 반도체가 탄생했다.

기존의 폰노이만Von Neumann[19]이 설계한 방식의 컴퓨터는 데이터가 입력되면 이를 순차적으로 처리한다. 수치 계산이나 정밀하게 작성된 프로그램을 실행하는 데는 탁월하지만, 이미지나 소리를 처리하거나 이해하는 데는 효율성이 낮다는 한계가 있다. 연산과 저장 장치를 별도로 두기 때문에 정보를 처리하는 과정에서 병목현상이 발생하고 전력이 많이 소모된다는 단점도 있다. 단적인 예로, 2012년 구글이 공개한 고양이 얼굴 자동인식 소프트웨어를 작동시키는 데는 1만 6천 개의 프로세서가 필요할 정도였다. 반면에 사람의 뇌를 모방한 뉴로모픽 칩은 그 안에 여러 개의 코어core를 갖고 있고, 이 코어에는 트랜지스터를 포함한 여러 가지 전자소자들과 메모

19 폰 노이만은 컴퓨터 중앙처리장치의 내장형 프로그램을 처음 고안한 미국의 수학자이자 물리학자이다. 그는 1949년 에드삭EDSAC이라는 새로운 개념의 컴퓨터를 만들었으며, 이때 고안한 방식인 중앙처리장치CPU와 주 기억장치, 그리고 입출력장치의 3요소는 지금까지도 대부분의 컴퓨터 설계에 적용되고 있다.

리 등이 탑재되어 있다. 여기서 코어를 구성하고 있는 일부 소자는 뇌의 뉴런의 역할을 담당하며, 메모리칩은 뉴런과 뉴런 사이를 이어주는 시냅스 기능을 담당한다. 인공 뉴런 역할을 하는 코어를 사람의 뇌처럼 병렬로 구성하기 때문에 이전 프로세서에 비해 훨씬 적은 전력만으로도 더 많은 양의 데이터를 처리할 수 있다.

인텔은 2017년 로이히Loihi라는 이름의 뉴로모픽 칩을 공개했다. 초기 연구단계로 128개의 컴퓨팅 코어로 구성돼 있으며, 각 코어에는 1024개의 인공 뉴런이 있어 뉴로모픽 칩 하나로 13만 개 이상의 뉴런과 1억 3천만 개의 시냅스 연결을 제공한다. 그러나 이는 바닷가재의 뇌 수준이라고 하니 아직은 갈 길이 먼 게 사실이다. 뉴로모픽 반도체 기술은 인간과 기계의 간극을 바짝 좁혀, 말하지 않아도 표정이나 몸짓만 보고 내 생각을 읽어내는 로봇이나 인간의 개입이 완전히 필요 없는 자율주행차도 가능하게 할 것이다.

미래 자동차는 반도체가 필수

자동차는 1885년 독일의 칼 벤츠Karl F. Benz에 의해 처음 발명됐다. 그때까지 사람을 실어 나르던 수단은 마차였으며, 뉴욕 시내의 10만 마리에 달하는 말들은 매일 113만 kg의 배설물을 배출해 심각한 위생상의 문제를 일으켰고 출퇴근 시간 교통체증의 원인이었다. 자동차 기술이 미국으로 건너오고, 헨리 포드Henry Ford에 의해 컨베어벨트 시스템이 적용됨으로써 대량생산 체계를 갖추어 자동차 혁명이 일어났다. 이는 새로운 산업을 창출하고 도시구조를 변화시켰을 뿐만 아니라, 미국 등 주요 강대국들이 자동차 산업

생태계를 기반으로 세계 경제의 지배력을 확보하는 데 많은 기여를 했다.

그러나 화석연료를 이용한 자동차는 탄생 130여 년 만에 지구상의 골칫거리로 주목받기 시작했다. 배출가스로 인해 미세먼지와 기후변화를 일으키는 주범으로 몰렸고 너무 많은 자동차로 인한 교통 정체와 주차난으로 자동차에 대한 혁신이 필요하게 됐다. 이에 대한 해결책으로는 전기자동차를 포함하는 친환경 자동차 기술이 있지만, 반도체를 이용하면 한층 더 발전된 새로운 자동차 혁명을 이끌어낼 수 있다.

사실 전기자동차는 내연기관 자동차보다 62년이나 빠른 1824년에 헝가리의 아뇨스 예들릭Anyos Jedlik에 의해 처음으로 제안되었고, 1913년에는 발명왕 에디슨에 의해 상용화됐다. 그때 에디슨이 적용한 배터리는 Ni-Fe 배터리로서 당시로는 에너지 밀도가 높고 충전시간도 짧았지만, 가격이 비싸고 기온이 내려가면 성능이 저하되는 단점이 있었다. 이에 더해 1920년에는 텍사스에서 대규모의 유전이 발견되어 석유 가격이 떨어지고 내연기관 자동차Ford사의 Model-T의 대중화로 전기자동차 사업은 실패하여 오랫동안 사람들의 관심에서 멀어졌다. 그러나 온실가스 문제가 국제적으로 심각한 문제로 대두되면서 각국은 친환경 자동차의 판매를 의무화하였고, 다시 전기자동차 기술은 사람들의 주목을 받기 시작했다.

자동차를 포함한 모든 미래 이동수단(이를 차세대 모빌리티라 부른다)은 이러한 전동화electrification뿐만 아니라, 연결connectivity, 자율주행autonomous driving, 공유sharing 기술을 통해 혁명을 이끌 수 있다. 연결은 인간과 차량, 차량과 차량 그리고 차량과 교통 인프라 간의 연결을 모두 포함하는 개념이며, 자율주행은 이러한 연결을 통해 수집하고 송출하는 빅데이터 그리고 인공지능을 통한 실시간 연산으로 실현할 수 있는 기술이다. 공유는 현재

14억 대 이상의 차량 중에서 실시간으로 운행되는 차량은 5%에 불과하다는 차량 소유의 비효율성을 획기적으로 개선하기 위한 개념이다.

이러한 차세대 모빌리티의 핵심을 실행하기 위해서는 반도체 기술이 필요하다. 차세대 모빌리티 산업에 미치는 반도체 기술의 중요성은 2021년 전 세계에 닥친 차량용 반도체 수급 부족으로부터 확인할 수 있다. 차량용 반도체의 수급 부족으로 인한 2021년 1분기 자동차 생산의 차질은 약 100만 대, 이를 금액으로 따지면 약 68조 원 규모로 파악되고 있다.

이러한 수급 부족 문제의 해결은 당분간 쉽지 않을 전망이다. 반도체는 자동차의 모든 성능을 발휘하고 감시하는 데 전방위적으로 사용되고 있다. 자율주행을 위해 필요한 실시간 데이터를 제공하는 각종 센서와 이를 분석

그림 2-15 미래의 완전 자율주행차의 모습

하여 차량의 운행 조건을 계산하는 컴퓨터 칩들, 시청각적 인간-기계 인터페이스, 차량 내 혹은 차량과 외부 간의 통신 칩, 데이터 분석과 전송 데이터 암호화 처리 반도체 등의 자율주행과 관련된 반도체뿐만 아니라 기본적인 차량의 운행을 위해 필요한 반도체(조향장치, 브레이크, 시트 조절, 디스플레이 구동 등)까지 합하면 첨단 자동차를 만들기 위한 반도체 부품은 약 1000개에서 2000개에 달하고 있다. 이제까지 스마트폰이 모든 첨단 반도체 기술의 수요를 이끌었다면, 앞으로는 자동차 산업이 첨단 반도체 기술 집약의 중심이 될 것으로 전망되고 있다.

반도체 제조공정과 EUV극자외선 노광기술

메모리, CPU 등 반도체 소자를 생산하기 위해서는 우선 원하는 성능을 발현하기 위한 소자의 설계가 이루어져야 하며, 그러한 설계에 따라 다양한 제조공정을 거쳐서 길게는 수개월 동안에 반도체 소자가 완성된다. 반도체 제조공정 중 소자의 집적화 혹은 미세화에 가장 중요한 공정이 바로 노광공정photolithography이다.

마치 빔프로젝터 앞에 무늬가 있는 투명한 플라스틱판을 비치면 스크린에 무늬가 투영되듯, 노광공정이란 반도체 소자의 회로 설계도를 새겨 넣은 '포토마스크'라는 원판의 이미지를 빛과 광학장치(노광장비)를 이용해 실리콘 웨이퍼로 정밀하게 축소 복사해 내는 기술을 말한다. 실리콘 웨이퍼는 기본적으로 빛에 반응하지 않아 포토마스크의 이미지를 받아들일 수 없기에, 웨이퍼 표면에 '포토레지스트(감광막)'를 코팅하여 사용한다. 반도

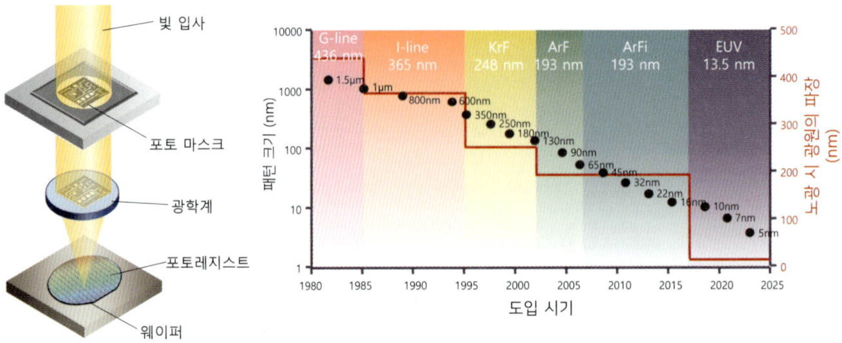

그림 2-16 노광기술과 노광 파장 변화의 역사

체 소자의 미세화 요구에 따라 점차 복사해 내야 하는 패턴의 크기가 작아지고 있는데, 이를 위해서는 더 짧은 파장의 빛이 필요하다.[20] 종전의 수백 nm 파장 영역에서 점차 더 짧은 파장을 이용하고 있지만, 해상도의 한계로 인해 10배 정도 짧은 10 nm 근방의 극자외선extreme ultra violet, EUV을 활용하는 EUV 노광기술이 통용되고 있다.

EUV 노광기술은 1980년대 중반에 최초로 그 개념이 제안된 기술로서 국방 및 천체광학을 위해 개발되었던 기술을 오랜 시간 발전시켜 상용화에 성공한 사례이다. 현재 EUV 노광장비를 생산할 수 있는 기업은 네덜란드의 ASML사가 유일하며, 장비 한 대당 가격이 2천억 원 정도로 반도체 장비 중에서 가장 고가의 장비인 셈이다. 1980년대 러시아의 핵미사일 위험에 대항하기 위해 우주공간에서 미사일을 요격한다는 스타워즈 계획Star Wars Project을 발표했는데 여기에 필요한 고출력 레이저 기술이 바로 EUV 빛을

20 노광공정을 통해 웨이퍼에 형성할 수 있는 패턴의 최소 크기(해상도)는 파장에 비례한다는 원리는 레일리 기준 해상도Rayleigh criterion로부터 확인할 수 있다.

만드는 광원 장치에 활용되었고, EUV 광을 반사하는 광학계에는 천체망원경의 원조인 허블망원경의 소재 기술이 활용됐다.

필자(안)는 국내에서는 최초로 1998년부터 EUV 노광기술 연구를 시작했다. 그동안 정부 및 기업의 지원을 받아 핵심소재 및 광학기술을 개발하여 국내 기업에게 기술을 이전하고, 인력을 양성하여 2019년 우리나라에서 세계 최초로 EUV 노광기술을 적용한 반도체 양산에 많이 이바지했다고 인정받고 있다. 지금은 국내 기업들이 EUV 산업에 진입할 수 있도록 돕기 위한 정부의 지원을 받는 국가연구협의체의 위상을 갖추고 수십 개의 기업과 협력하고 있다.

그러나 EUV를 이용한 반도체 양산의 첫 삽을 뜬 2019년 여름, 일본으로부터 날아든 핵심소재에 대한 수출규제[21] 소식이 대한민국을 혼돈의 상황으로 만들었다. 일본군 위안부와 관련된 법원 판결에 대해 앙심을 품고 반도체와 디스플레이에 필수적인 핵심소재를 한국에게는 판매하지 않겠다는 정치적인 보복이었고, 한동안 대한민국의 반도체 공장을 세워놓고 생산을 하지 못하는 게 아니냐는 우려가 팽배했다. 이 세 가지 수출규제 품목 중에 자체개발이나 대체품 확보가 가장 어려운 소재가 바로 EUV와 반응하는 포토레지스트였다. 그 당시 반도체 첨단 제조기술로 우리나라에 막 도입한 EUV 노광공정에 꼭 필요한 소재였기에 그 여파가 매우 컸다.

EUV라는 빛은 모든 물질(공기 포함)에 강하게 흡수되는 특성이 있어서 지구상에는 자연적으로 존재하지 않는다. 따라서 특별한 방법으로 만들어

21 일본 정부는 2019년 7월 1일 고순도 플루오린화수소, EUV 포토레지스트, 폴리이미드 등 핵심 소재 3개 품목에 대한 한국 수출규제 조치를 공식 발표했다. 그리고 한 달 뒤인 8월에는 우리나라를 백색국가(화이트리스트: 믿을 수 있는 국가 명단)에서 배제했다. 이러한 수출규제는 한 해 앞서 우리 대법원이 일제 강제징용에 대한 손해배상 판결을 내린 것에 대한 경제보복을 본격화한 것으로 풀이됐다.

야 하지만, EUV를 만든다고 해도 이 파장과 반응하는 소재는 특별한 성능이 요구되기 때문에 비용과 기술적 난이도가 매우 높다. EUV 광을 반사시키는 미러(반사막)도 특수한 방법으로 만들어진 복합소재로 실리콘(Si)과 몰리브데넘(Mo)을 수 nm 두께로 반복해 80층 정도로 쌓아 올린 구조이다. 바로 이 소재가 없었다면 모든 물체에서 강력하게 흡수하여 사라지는 EUV 광을 이용한 반도체 생산이 불가능하다. 이 다층반사막 소재는 노광장비의 광학계와 포토마스크의 핵심소재로 이용되고 있다.

또한 EUV를 투과시키는 신소재 박막들도 필요한데, 수십 nm 두께의 박막이 충격에도 깨지지 않고 수백 ℃로 순간적으로 가열되어도 견딜 수 있는 특성을 만족시키는 신소재는 아직도 개발 중이다. 2021년 현재 많은 기업에서 EUV 노광기술의 양산을 선언하였지만, 한 해에 생산할 수 있는 장비가 제한적이어서 전면적인 양산 도입 단계에는 아직 도달하지 않았다. 즉, 최첨단 반도체 기술로써 앞으로도 지속적인 발전이 기대되고 있다.

그림 2-17 EUV 노광장비의 구조(ASML)

EUV극자외선 노광기술 연구개발 이야기

필자는 미국에서 박사과정을 마치기 전부터 여러 반도체 회사로부터 입사 제의를 받았다. 1990년 초 당시는 반도체 산업의 호황 덕분에 전 세계 반도체 기업의 수가 최대를 기록했을 때이다. 지금은 역사에만 남아 있지만, 당시 반도체 산업의 큰 손은 반도체 기술의 종주국 미국이 아닌 일본이었고, 일본의 대기업이라면 모두 반도체 사업을 하는 상황이었다.

1992년, 수많은 일본 반도체 기업 중에 독보적인 1등의 위치였던 일본전기(NEC)[22] 연구소에 연구원으로 입사하기 위해 미국을 떠나 일본에 도착했다. 일본이를 한마디도 못하는 나에게 맡겨진 업무는 엑스선X-ray을 이용한 노광기술이었고, 1995년 한국에 들어오면서는 LG반도체[23]의 지원을 받아 X-ray 노광기술 연구를 계속했다. 그러나 1998년쯤이 되자 일본이 주도하던 X-ray 노광기술 연구개발은 탄력을 잃게 되고, 그 자리를 다른 기술들이 차지하려는 경쟁이 뜨거워지게 됐다.

필자 역시 여러 가지 후보기술 중에 EUV 노광기술의 가능성을 바라보고 1998년부터 아주 작은 규모의 EUV 노광기술 관련 연구를 시작했다. 약 4년 정도가 지난 2002년에는 아주 커다란 기회가 찾아오게 됐다. 우리나라 반

22 일본전기(NEC)라는 회사는 1899년 일본에서 설립된 정보통신기술 및 전자산업 기업이다. 자체의 운영체계(OS: 마이크로소프트사의 Windows는 현재 가장 인기있는 PC 운영체계임)를 탑재한 98시리즈라고 하는 PC 기종은 전세계 시장을 휩쓸고 있던 IBM PC 시장을 꺾고 80년대와 90년대 일본 PC시장의 대부분을 석권할 정도로 영향력 있는 기업이었다.

23 LG반도체는 1998년 IMF 사태에 따른 정부의 기업구조조정에 따라 현대전자(현재 SK하이닉스의 전신)에 강제 합병됐다.

도체 산업에 정녕 필요한 일이라면 정부의 지원을 받아 국내 기업들과 함께 준비해 보는 게 어떻겠냐는 제안을 받은 것이다.

당시 37세였던 나는 몇몇 사람들[24]과 함께 향후 10년간 EUV 노광기술 연구개발 사업을 정부로부터 지원받기 위한 기획 작업을 시작했다. 그해 여름 내내 아침부터 밤까지 연구개발 계획을 세우기 위해 전국 어느 곳이라도 새로운 아이디어를 얻을 수 있는 장소라면 서슴지 않고 달려갔다.

열과 성을 다한 노력과 운이 합쳐져 결국은 산업부에서 지원하는 차세대 신기술 개발사업의 신규과제로 'EUV 노광기술 개발사업'이 선정되어 2002년 12월부터 10년간 지원을 받게 됐다는 소식을 듣게 됐다. 한양대학교가 연구단의 책임을 지고 삼성전자와 동진쎄미켐, 포항공대, 성균관대, 서울대 등 여러 대학이 참여하면서 야심차게 출발하였지만, 금방 현실적인 난관에 봉착하게 됐다. 우리가 중점적으로 개발하던 EUV 마스크와 포토레지스트의 성능을 확인하기 위해서는 EUV 광원과 평가장비가 필요했지만, 국내에는 전혀 그러한 인프라가 없었던 것이다.

유일하게 기댈 수 있던 곳은 포항가속기연구소. 빛의 속도에 가깝게 전자를 가속하고 그들을 저장링이란 설비에 가두어 놓은 거대시설에 특수한 광학장치를 설치하면 EUV라는 파장을 뽑아낼 수 있기는 했다. 그러나 기존의 광학기술과 전혀 다른 EUV 설비를 꾸리고자 하니 나를 포함해 국내 누구도 그러한 경험을 가진 사람이 없어 자신도 없었을뿐더러 수십억 원이 필요하다는 가속기연구소 전문가들의 의견도 있어 첩첩산중이었다.

예산도 쥐꼬리만큼 밖에 없고(내게 할당된 예산은 십여 억원이었으니 쥐꼬리

24 연구개발사업 기획에 도움을 주신 당시 나노융합산업연구조합 한상록 사무국장과 삼성전자 반도체 김학진 기술기획 과장에게 감사드린다.

치고는 무지하게 큰 쥐꼬리이지만, 2000억원 정도에 판매되고 있는 EUV 노광장비 한 대의 가격에 비하면 쥐꼬리라 부르는 게 무리도 아니다.), 경험도 일천한 나를 도와줄 사람은 이 세상 천지에 어디에도 없을 것이라 고민하고 있을 때, 나의 머리 속에 스쳐 간 사람은 바로 EUV 노광기술을 세계 최초로 제안한 사람이었다. 그래서 EUV 노광기술의 창시자이며 당시 히메지공대에 근무하던 기노시타Hiroo Kinoshita 교수에게 연락하여 무작정 길을 떠났다.

추후에 효고대로 이름이 바뀐 히메지 대학은 일본에서도 촌구석에 위치하여 눈 오는 겨울에 찾아가는 데도 엄청난 고생을 했다. 처음에는 별로 면식이 없던 불청객에 가까운 나를 반기는 눈치가 아니었고, 그래서 기노시타 교수의 업무가 끝날 때까지 교수실에서 다섯 시간 넘게 기다리기도 했다. 나의 끈질김에 감동하였는지 일과 시간 후, 두 시간이 넘는 대화 끝에 기초 연구를 시작할 수 있는 수준의 아이디어를 알려주었고, 값싸게 광학계를 만들어 줄 수 있는 러시아 기업도 소개해 주었다. 그날 밤새 이야기를 나누면서 결국은 기노시타 교수와 나는 의형제를 맺고, 2016년 그가 정년퇴임할 때까지 내 연구실의 박사 졸업생들과 국내기업의 연구원을 본인의 연구실에 연구원으로 초청해 우리나라의 EUV 노광기술 연구개발에 지속적으로 많은 도움을 주었다.

기노시타 교수 덕분에 애초 걱정보다는 훨씬 절감된 예산으로 설비를 구성할 자신이 생겼지만, 확보해 놓은 예산 규모는 그 비용에 여전히 턱없이 부족했다. 한동안 고민한 끝에 참여 기업들에게 추가적인 출자를 요청하였고, 천신만고 끝에 기업들의 도움으로 예산을 확보하여 역사적인 EUV 연구개발 지원을 위한 설비의 구축이 시작됐다. 그때의 값진 경험이 우리나라 반도체 산업의 모양을 바꾸게 된다. 결국은 그 투자로 2019년 세계 최초로 반도체 양산에 EUV 노광기술을 적용할 수 있게 되었고, 우리나라의 반도체 산업이 메모리 반도체에서 탈피하여 시스템 반도체까지 확장될 수 있는 초석을 마련했다고 자부한다.

지금 전 세계 반도체 산업에서는 EUV 노광기술 확보를 위한 경쟁이 전쟁터를 방불케 하는 상황이다. EUV 노광장비[25]를 확보하기 위한 수요기업들의 구매 경쟁뿐만 아니라, 이에 필요한 여러 가지 핵심 소재(EUV 포토마스크, EUV 포토레지스트, EUV 펠리클 등)의 시장을 거머쥐기 위한 공급 기업들의 개발 경쟁, 그리고 반도체 산업의 고도화를 방해하기 위한 국가 간의 경쟁(미국 대 중국 수출규제, 일본 대 한국 수출규제 등이 그 사례)은 바로 반도체 산업이 국가 경쟁력의 핵심이라는 인식에서 벌어지고 있는 것이다. 2021년 필자의 연구실은 정부에서 'EUV 노광기술 국가연구협의체'로 지정받아 EUV 노광기술과 관련된 기업의 연구개발을 도와주는 역할을 부여받았다. 약 20

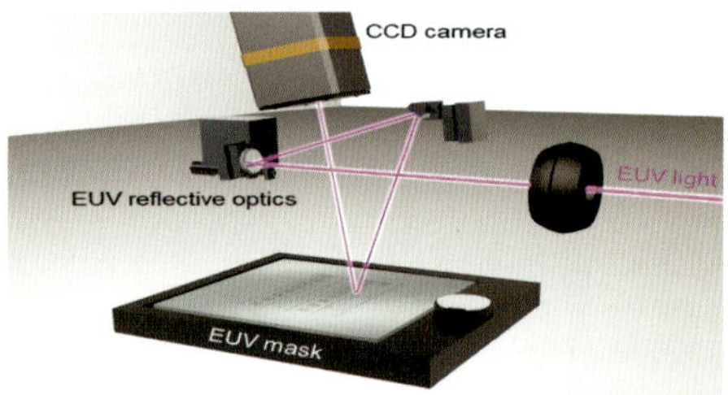

Coherent Scattering Microscopy (CSM): Lens-less imaging type EUV actinic inspection technique

그림 2-18 자체개발한 EUV 현미경 검사장비

25 2000억 원짜리 EUV 노광장비는 네덜란드의 ASML이라는 회사만 만들 수 있으며, 2021년 기준 1년에 40대 정도만 제작할 수 있어 당연히 주문하는 순서대로 공급이 된다.

여 기업들과 매일 머리를 맞대고 첨단 반도체 제조기술인 EUV 노광기술 분야에서 우리나라 기업이 세계 시장에서 우뚝 서는 그날을 향해 공동의 노력을 경진하고 있다.

맺음말

2021년 현재, 전 세계 각국은 반도체 전쟁 상태이다. 미국의 바이든 대통령이 이야기했듯, 반도체는 모든 산업뿐만 아니라 인간 사회의 기반구조infrastructure이다. 더 작은 에너지로 더 많은 기능을 구현할 수 있는 반도체 소자가 경쟁적으로 개발 중이며, 이러한 반도체 기술의 발전을 통해 새로운 인류문명이 탄생할 것이고 우리의 생활은 더 편리하고 안전하게 발전할 것이다. 특히 수출에 의존할 수밖에 없는 우리나라에서는 반도체가 수출에 차지하는 비중이 18% 정도로, 부동의 1위를 차지하고 있는 상황이다. 반도체 신기술의 개발은 우리나라의 미래를 보장할 수 있는 최선의 방법인 셈이다. 이를 위해서 반도체에 이용되는 신소재 개발의 중요성은 아무리 강조해도 지나치지 않을 것이다.

이제는 반도체 소자가 사람이 시키는 일만 하는 역할에서 벗어나, 스스로 학습하고 생각하고 결정하는 인공지능의 핵심으로 발전하고 있다. 이러한 새로운 시대를 선도하기 위해 반도체 관련 소재를 연구하는 젊은 세대가 더 많아지기를 기대해 본다.

정리

반도체 소재의 특성

- 불순물 혼입(도핑)으로 전기전도도를 부도체와 도체 사이에서 조절 가능
- 전기전도를 일으키는 전하는 전자electron와 정공hole 두 종류
- 일부러 전자가 정공보다 많게 만들어진 반도체를 N-형 반도체라 하고, 정공이 전자보다 많게 만들어진 반도체를 P-형 반도체라 함
- 전기 에너지를 빛 에너지로, 빛 에너지를 전기 에너지로 변환 가능

주요 반도체 소자의 종류

- 증폭과 스위치 역할을 하는 트랜지스터
- 전하를 저장하는 커패시터
- 정류작용과 발광작용을 하는 다이오드

주요 집적회로의 종류

- CPU: 시스템을 통제하며, 프로그램의 연산을 실행하고 처리하는 컴퓨터의 제어 장치
- DRAM: 빠른 동작속도를 가지나 전원공급이 차단되면 데이터가 소실되는 휘발성 기억장치
- 플래시 메모리: 데이터를 유지시키는 데 전력이 필요 없는 비휘발성 메모리
- GPU: 병렬 연산을 통해 영상처리에 효율적으로 사용하도록 개발된 연산 장치

반도체 소자의 원리를 이용한 다른 제품

- 태양전지: 흡수한 빛 에너지로 전자와 정공을 생산하여 전기 에너지를 만드는 장치
- LED: 전자와 정공이 만나서 발생하는 에너지를 빛으로 변환되게 만든 장치

3

암기왕 자석

자석이란 무엇인가?

영화 엑스맨을 보면 매그니토라는 엄청난 괴력의 소유자가 등장한다. 자기장을 조정하여 핵잠수함까지 들어 올리는 강력한 능력을 지닌 뮤턴트(돌연변이)이다. 엑스맨 시리즈 중 명장면으로 꼽히는 것이 있다. 엑스맨 2에서 감옥에 갇힌 매그니토는 양손에 발생시킨 자기장으로 동료가 간수 몸에 미리 넣어둔 액체 철을 응집시킨 뒤, 구슬로 만들어 꺼내면서 간수를 죽인다. 이후 철 구슬로 감옥 벽을 부수고 구슬을 디스크 형태로 변형시켜 그 위에 올라타고 유유히 감옥을 빠져나간다.

이러한 장면은 실제로도 가능할까, 아니면 단순히 영화적 연출에 불과할까? 어린 시절 말굽자석으로 모래를 휘저어서 철(Fe) 가루를 끌어본 경험들이 있을 것이다. 자기장을 걸어주면 철 구슬은 자기장에 끌려온다. 그런데 알루미늄(Al)이나 구리(Cu) 구슬은 왜 끌려오지 않을까?

자석磁石, magnet은 소아시아 마그네시아Magnesia 지방에서 발견된 천연 광물에서 그 이름이 유래됐다. 그 천연 광물은 로드스톤lodestone이라고 하

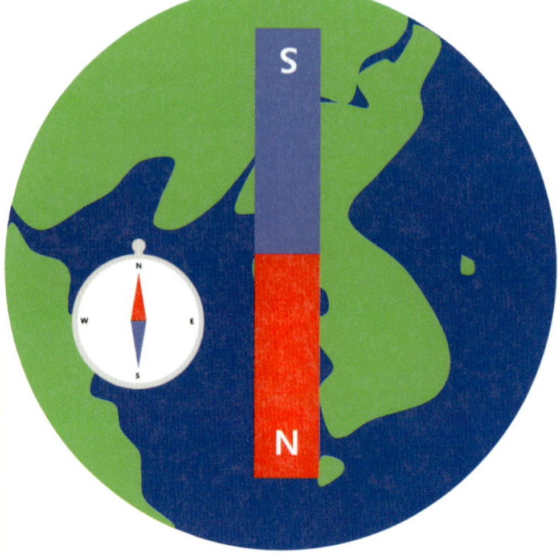

그림 3-1 큰 자석으로 생각할 수 있는 지구. 나침반의 N극이 북극을 가리키는 이유는 지구 자체의 북쪽을 S극으로 정했기 때문이다.

는 산화철로, 주성분은 자철석磁鐵石, magnetite이며 화학명은 Fe_3O_4이다. 로드스톤으로 최초의 나침반compass을 제작하였는데, 초기에는 보석 또는 집터를 선택하는 풍수지리에 사용됐다가, 11세기 송나라 때부터 항해를 위해 사용되기 시작한다.

우리가 사는 지구는 자기장을 방출하므로 지구를 하나의 큰 자석으로 생각할 수 있다. 그렇기에 지구 어디에 있어도 나침반 하나만 있으면 북쪽이 어디인지 쉽게 알 수 있다(그림 3-1). 지구 자체는 북쪽을 S극이라고 정하였기 때문에 나침반의 N극은 북쪽을 가리킨다.

현대의 자석 혹은 더 넓은 의미로 자성소재磁性素材, magnetic materials[1]는 헤드폰, 스피커, 완구류를 비롯하여 컴퓨터 하드디스크, 자기장 센서, 자동차 모터, 발전기, 변압기, 그리고 의료기기에 이르기까지 매우 많은 응용 분야

1 자성재료, 자기재료라고도 한다.

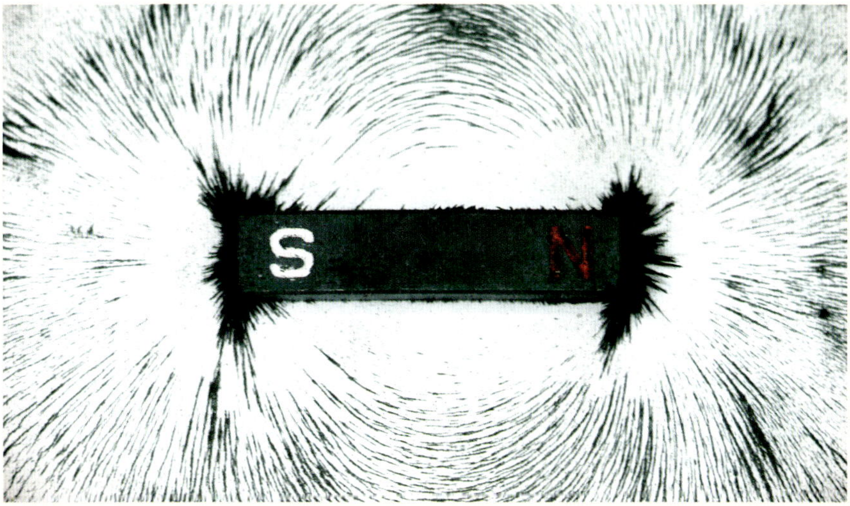

그림 3-2 막대자석에서 발생하는 자기장
출처: BoyceDuprey.https://www.flickr.com/photos/boyce-d

에 쓰이고 있다[2].

그림 3-2에 보이는 막대자석은 항상 N, S 두 가지 극성을 가지며 끝단에서 자기장을 발생한다. 자기장은 눈에 보이지 않으므로 철 가루를 뿌려 자기장의 형태가 보이게 한다. 이와 같은 자석을 영구자석permanent magnet 또는 경자성硬磁性소재hard magnetic material라고 한다. 반면 철 가루는 자기장이 있는 경우에만 반응하여 달라붙는데[3], 자기장이 없는 모래밭에 다시 뿌리면 서로 달라붙지 않는다. 철 가루 같은 물성을 갖는 이런 소재를 연자성軟磁性소재soft magnetic material라고 한다. 경자성소재와 연자성소재를 통칭하여

2 https://sciencing.com/uses-magnets-daily-life-8056272.html

3 이러한 상태를 자화magnetized됐다고 한다.

자성소재라고 한다.

자석은 항상 N극과 S극이 동시에 존재한다. 그렇다면 자석의 N극과 S극을 따로 떼어내는 것이 가능할까? 그림 3-3을 보자. 자석의 붉은색과 파란색 가운데를 자르면, N극과 S극이 따로 분리될까? 실제로 자석을 절반으로 자르고 나면, 잘린 자석에는 또다시 N극과 S극이 생긴다. 왜 자석은 왜 항상 N극과 S극이 동시에 존재하는 것일까? 왜 전기의 전하처럼 양전하, 음전하를 따로 갖지 못하고 N극과 S극은 항상 붙어있는 것일까?

두 극이 같이 있는 경우를 쌍극자dipole라 하고 하나만 있는 경우를 단극자monopole라고 부른다. 즉, 하나의 자석을 반으로 나누면 N, S극이 분리된 단극자 자석이 생기는 것이 아니라 쌍극자 상태가 유지된 작은 자석 두 개로 나눠진다. 4개, 8개로 계속 잘라도 마찬가지이다. 왜 그럴까? 그 이유는

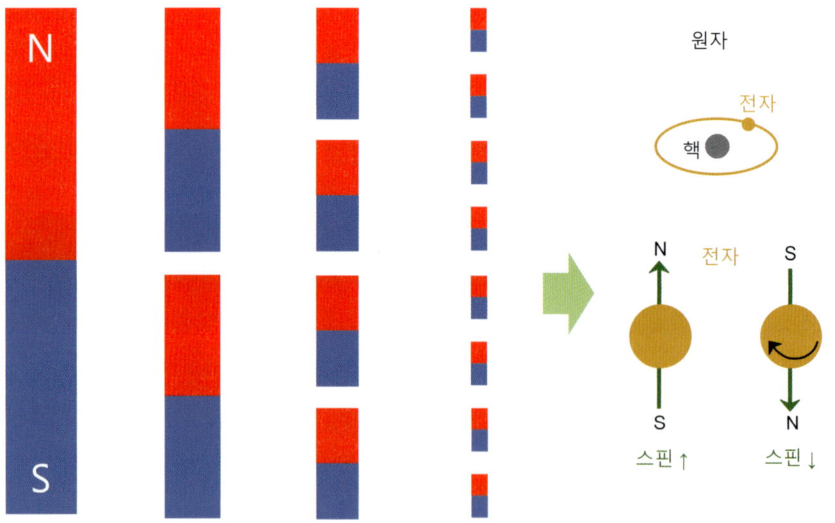

그림 3-3 N극과 S극을 따로 나눌 수 있을까?

자석의 근원이 원자에 있기 때문이다.

다른 모든 물질처럼 자석도 원자로 이루어져 있다. 원자의 내부에는 핵과 전자들이 있는데, 태양을 중심으로 지구가 공전하면서 스스로는 자전하는 것처럼, 원자핵을 중심으로 전자들이 공전하면서 동시에 스스로 자전한다. 이때, 자기장의 방향은 자전하는 전자의 방향에 따라 결정된다. 이러한 상태를 스핀spin이라고 부르며, 스핀 자체가 극성이 있다. 즉, 자성의 근간은 극성을 가지는 전자의 스핀이기 때문에, N극과 S극은 떨어질 수 없고 항상 같이 존재한다.

자화와 지구

그렇다면, 같은 자성소재인데 왜 철 가루는 자기장이 없으면 자석이 되지 못하는 것일까? 그림 3-4를 보면 청소년 과학 시간에 한 실험이 기억날 것

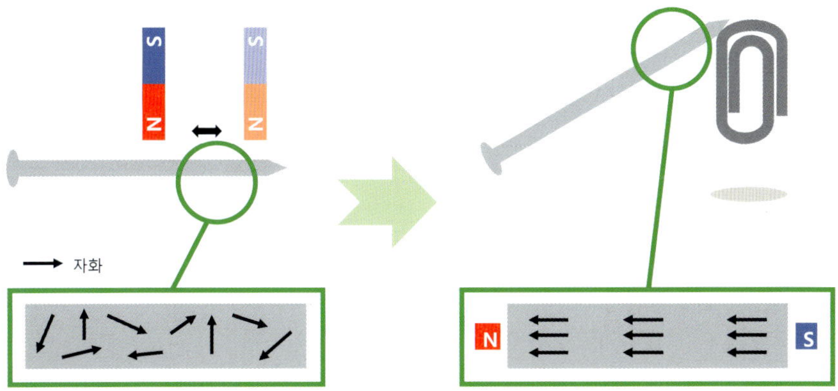

그림 3-4 물체가 자화되는 과정

이다. 철로 된 못을 클립에 갖다 대면 클립이 달라붙지 않는다. 이때, 못을 자석으로 여러 번 문지른 후에 다시 클립에 갖다 대면 클립이 못에 달라붙는다. 마치 못이 자석이 된 것처럼 행동하는 것이다. 못 내부의 스핀이 같은 방향으로 정렬되어 자석과 같은 성질을 띠게 되기 때문이다. 이러한 현상을 자화magnetization라고 한다.

1743년 스웨덴의 신학자이자 과학자인 엠마누엘 스웨덴보리Emanuel Swedenborg가 이 개념을 제시한 논문을 처음으로 발표했다. 그림 3-5는 스웨덴보리가 생각한 철 가루의 자화 형태이다. 오른쪽처럼 자화된 상태에서는 철 가루 내에 아주 작은 자석들이 일렬로 배열하리라 생각하였으며, 왼쪽처럼 자화되지 않은 상태[4]에서는 작은 자석들이 무질서하게 배열되어 있을 것으로 생각했다.

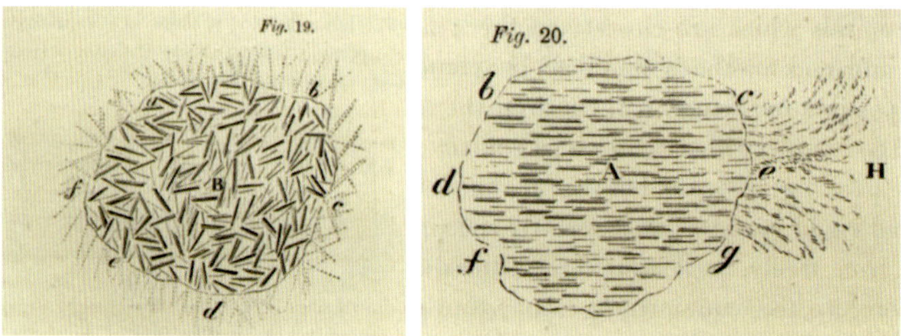

자기장이 걸리지 않은 상태 / 자기장이 걸린 상태

그림 3-5 스웨덴보리가 상상한 철가루의 자화 형태

출처: https://archive.org/details/principiaorfirst01swedrich/mode/2up

4 또는 탈자脫磁, demagnetized된 상태라고 말한다.

그렇다면 자화가 된 물질의 자화 방향은 모두가 같은 방향을 향하고 있을까? 20세기[5]로 넘어선 1906년, 프랑스의 피에르-에르네스트 바이스Pierre-Ernest Weiss는 유명한 두 가지 가설을 제시했다. 그중 하나는 바로 자화한 영역인 자구磁區, domain라는 것이 존재할 것이라는 가설이다. 이 가설에 따르면 철 내부에는 더 작은 철 가루들이 자화한 영역들이 있다. 자석을 가까이 대면 전체 자구는 한 방향으로 정렬하겠지만, 자석이 사라지면 전체 자구들은 서로 다른 방향을 가지고, 자화의 총합은 0이 된다. 수십 년 후 자구가 실험적으로 관찰되면서 이 가설이 증명됐다. 그림 3-6은 자구를 관찰한 사례이다.

1986년 개발되어 나노기술 시대에 이바지한 원자힘현미경atomic force microscope, AFM의 개발과 이를 응용한 자기력현미경magnetic force microscope, MFM으로 보다 상세하게 자구를 관찰할 수 있게 됐다. 바이스의 가설은 과학자의 혜안

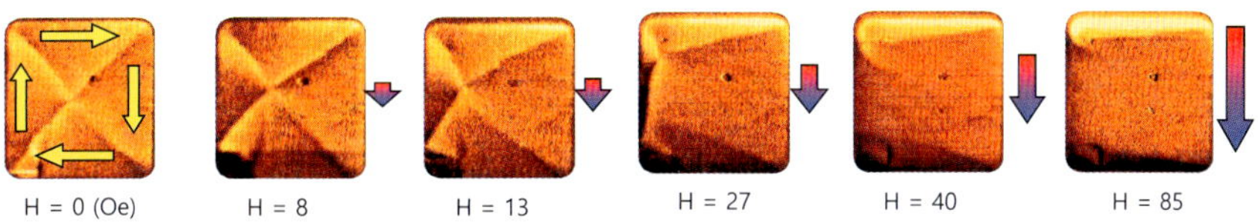

그림 3-6 외부 자기장의 세기에 따른 자구의 변화. 대표적인 연자성소재 퍼말로이 ($Ni_{80}Fe_{20}$) 20 ㎛×20 ㎛ 크기를 원자힘현미경의 자기힘 모드로 측정한 사례
출처: Hitachi Hightech 제공

5 20세기 초는 양자역학과 상대성이론 등 현대 물리학이 태동한 시기로, 1905년 아인슈타인은 광전효과와 특수상대성이론을 발표했다. 1906년 8월에는 샌프란시스코에서 진도 8.3의 대지진이 일어났으며, 구한말 의병장 최익현이 일본군에 잡혀 대마도로 유배됐다. 동년 12월 최초의 독일 잠수정 U1호가 킬 군항에서 진수됐다.

그림 3-7 1930년 벨기에 브뤼셀에서 개최된 물리학회에 모인 과학자들. 앞 열 우측 5번째에 아인슈타인, 7번째에 마리 퀴리, 뒷열 우측 1번째에 하이젠베르크, 2번째에 엔리코 페르미, 5번째에 피에르 바이스 등이 보인다.

이 돋보이는 이론이다. 그림 3-7은 1930년 브뤼셀에서 '자기학'과 관련하여 개최된 물리학회에 모인 과학자들이다. 아인슈타인, 퀴리, 하이젠베르그, 페르미, 바이스 등 당대의 내로라하는 연구자들을 볼 수 있다.

자화의 변화

사람들이 자성이라는 물리적 특성을 처음 접하게 되는 것은 대부분 중학교 과학 시간일 것이다. 일반적으로 전기와 자기를 함께 배우게 되는데, 이는 전기와 자기가 떼려야 뗄 수 없는 관계이기 때문이다. 이 둘의 관계는 덴마크의 한스 에르스테드Hans Ørsted에 의해 우연히 발견됐다. 에르스테드는 구리 코일에 전류를 흘렸을 때 옆에 있던 나침반이 움직이는 것, 즉 자기장磁

氣場, magnetic filed이 발생하는 현상을 발견하였으며 이 새로운 힘이 그동안 알려진 만유인력 등과는 다른 힘이라고 확신했다. 이후 에르스테드는 그의 발견에 관한 내용을 고찰, 정리하여 1854년 논문을 발표하였고, 마치 별도의 현상으로 여겨졌던 전기와 자기를 통합하는 계기를 마련했다.

에르스테드의 실험은 전기를 이용하여 자기적 특성을 끌어내었다. 그렇다면 자기력으로 전기를 만드는 것 역시 가능할까? 물론 가능하다. 이는 마이클 패러데이Michael Faraday가 발견하였는데, 패러데이는 자석을 움직이면 근처에 있던 구리 코일에 전류가 흐른다는 사실을 발견함으로써, 자기력이 전기를 만들어 낸다는 사실을 알아내었다. 이렇게 자기력을 이용해 전기를 만드는 것을 전자기유도라고 한다.

현재 우리가 쓰고 있는 전기를 만들어 내는 방법이 바로 전자기유도이다. 현대 사회에서 필수적인 전기는 풍력, 화력, 수력 등 다양한 종류의 힘을 활용한 발전소에서 생산된다. 이러한 발전소에서는 다양한 힘을 활용하여 터빈을 돌리는데, 터빈 속에 있는 자석이 회전함으로써 주변 금속 코일 내부에 전류가 발생한다. 결국, 지금 우리가 일상에서 편하게 전기를 사용할 수 있는 이유가 바로 전자기유도 현상 때문이라 할 수 있다.

강자성소재에 양의 방향과 음의 방향으로 자기장(H)을 인가할 때 나타나는 자화(M)의 변화를 알아보자[6]. 그림 3-8에서 보듯이 최초에 M=0인 상태에 있는 시편(이를 '완전히 탈자화된 시편'이라고 한다)에 자기장을 양의 방향으로 점점 강하게 가해주면, 물질 속 자구들은 자기장의 방향으로 정렬하여 최종적으로는 자화의 방향이 한 방향으로 포화된 상태에 이른다. 이후

6 문헌들에서는 M-H 곡선들과 B-H 곡선들이 혼용되어 쓰이는 데, 보자력 값이 커서 정확한 크기를 측정해야 하는 영구자석 연구자들은 주로 B-H 곡선을 활용한다.

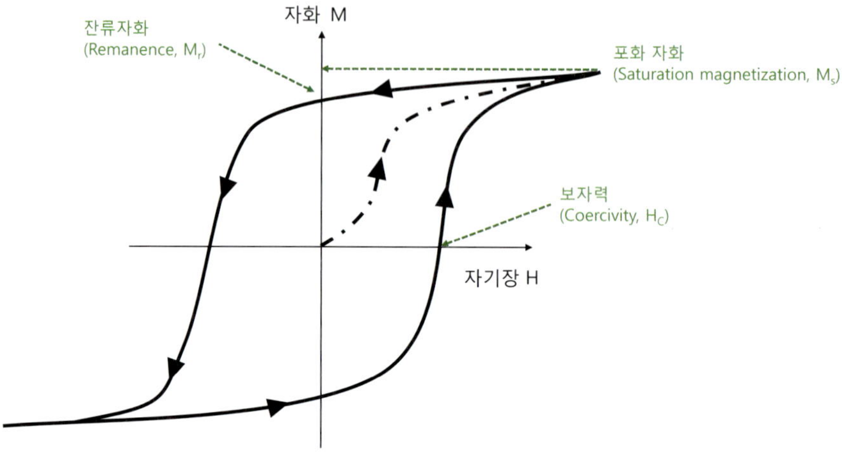

그림 3-8 자기 이력 곡선. 자기 이력 곡선은 강자성체의 자화의 변화를 보여준다. 한번 강자성체의 자화가 포화 상태가 되면, 외부 자기장이 0으로 떨어지더라도 대부분의 자화를 유지한다.

거꾸로 자기장 세기를 줄여나가 자기장이 0이 되면, 원래의 상태인 M=0으로 떨어지지 않고 잔류자화(M_r)을 갖게 된다. 음의 방향으로 계속 자기장을 증가시키면 특정 지점에서 M 값이 0이 되는 자기장 세기가 있는데, 이 지점을 보자력(H_c)이라고 한다.

이후의 과정은 앞서의 설명과 같다. 즉, M의 반응은 원래대로 복구되지 않고 이력을 보이는데, 자성소재가 반응하는 특성 곡선을 자기 이력磁氣履歷, magnetic hysteresis 곡선이라고 한다. 이 곡선을 측정하면 자성소재에 관한 매우 유용한 정보를 얻을 수 있다[7]. 한 예로, 보자력이 클수록 외부 자기장에 저항하는 힘이 크며, 이렇게 큰 보자력을 갖는 자성소재를 앞서 설명한

7 대표적인 측정 장치로 진동시편자력계Vibrating Sample Magnetometer, VSM가 있다.

경자성소재 또는 영구자석이라고 한다. 반면 보자력이 매우 작은 자성소재가 연자성소재이다.

그렇다면 어떻게 하면 보자력을 증가시킬 수 있을까? 자기장에 따라 움직이는 것은 한 방향으로 자화된 작은 영역들인 자구이다. 그렇다면 자기장에 따른 자구의 이동을 방해한다면 보자력을 증가시킬 수 있지 않을까? 맞는 생각이다. 소재 내에 각종 결정결함, 비자성 불순물을 넣거나 스트레스(응력)를 남긴다면 자구의 이동이 원활하지 않게 되어 보자력이 많이 증가한다. 영구자석의 설계에는 실제로 이러한 방법들이 사용되고 있다.

자석을 콩기름에 튀겨보면?

말굽자석을 끓는 물에 넣고 충분한 시간 동안 끓이고 나서 철 가루를 당겨보면 당겨질까? 즉 자화가 유지될까? 만약 식용유인 참기름이나 콩기름에 튀겨보면 어떻게 될까? 참기름의 끓는점은 약 200℃, 콩기름의 끓는점은 약 300℃ 정도이다.

그림 3-9를 보자. 자화된 못에 클립이 붙어있는데, 못을 가열하면 자화를 잃어 클립이 떨어진다. 강자성체는 특정 온도 이하에서 강자성을 유지하지만, 그 이상의 온도에서는 자구들의 무질서도가 증가하여 자화가 0이 되는 비자성체가 된다[8]. 이 온도를 임계온도 또는 퀴리Curie 온도라고 한다. 임계온도는 소재마다 다른데, Fe는 770℃, Co는 1120℃, Ni은 335℃, 그리고 이

8 자기적 특성으로는 상자성paramagnetic이라고 하는데, 응용성이 없는 비자성 특성이다.

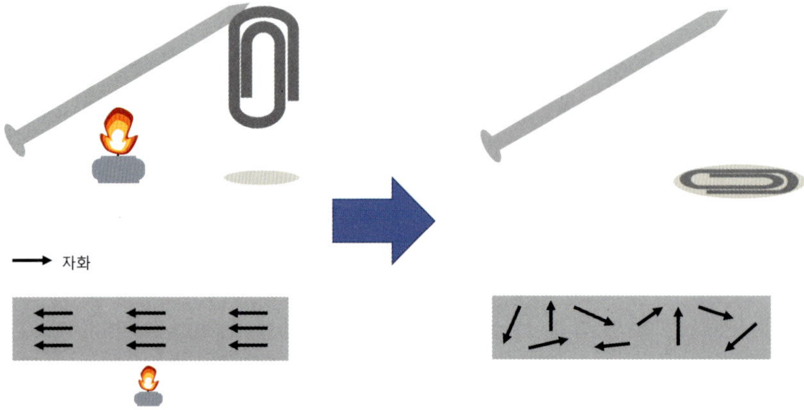

그림 3-9 퀴리 온도 이상에서 자성 특성을 잃어버리는 강자성체

들의 산화물로 구성된 페라이트ferrite 자석은 약 450℃, 알루미늄-니켈-코발트(AlNiCo) 자석은 850℃, 희토류 자석인 네오디뮴-철-붕소(NdFeB) 경우는 300~350℃ 정도이다. 네오디뮴(Nd)은 원자번호 60번인 희토류 금속이며, 이를 활용한 NdFeB 자석은 Nd 자석이라고도 한다.

그림 3-10은 철(Fe)과 자철석(Fe_3O_4)의 온도에 따른 자화의 변화를 보여준다. 곡선이 Y-축(온도축)과 만나 포화 자화 및 자속밀도가 0이 되는 온도가 퀴리Curie 온도이다. 퀴리 온도 이하에서 철과 자철석은 강자성체이다.

NdFeB 자석은 에너지 출력이 높은 고성능 영구자석이라 소형 이어폰에도 쓰인다. 시험 삼아 이어폰을 콩기름에 튀겨본다고 생각하자. 물론 플라스틱 케이스를 제거하고. 콩기름의 끓는점이 300℃ 정도이니 NdFeB 자석의 임계온도에 근접하는 온도이다. 펄펄 끓는 기름통에 넣고 튀긴 후 식혀서 케이스 안에 넣고 이전처럼 음악을 듣는다면? 과연 튀기기 전과 비슷하게 노래가 들릴까? 그렇지 않을 것이다. 자석 안의 작은 자구들이 무질서해

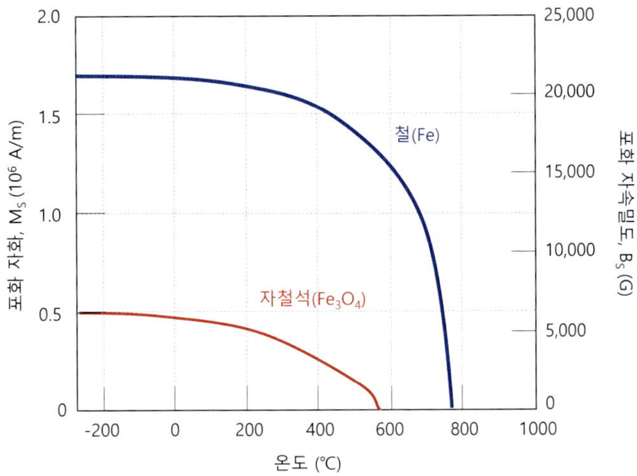

그림 3-10 철(Fe)과 자철석(Fe_3O_4)의 온도에 따른 자화 변화. 철과 자철석의 퀴리 온도는 각각 768℃, 585℃이다.

져서 성능을 거의 잃어버릴 수 있다. 끓는점이 약 200℃인 참기름에 튀기는 경우에는 귀로 구별하지 못할 정도의 약간의 성능 저하가 있을 것이다. 참고로 NdFeB 자석은 140℃ 정도까지 안정하게 작동한다고 알려져 있다. 그 이상의 온도에서 사용할 경우 1℃당 약 0.1% 정도의 성능 저하(손실)가 있다. 만약 NdFeB 자석이 임계온도가 넘는 온도에 노출되어 성능 저하가 일어났을 때, 서서히 냉각하며 보자력보다 강한 자기장을 걸어준다면 자구들을 정렬할 수 있어 원상회복이 가능하다.

어느 방향으로 쉽게 자화되나?

막대자석의 자기장은 왜 중간에서 나오지 않고 양 끝에서 나올까? 당연하다고 생각할 수도 있는 질문이지만 한번 살펴보자. 자기이방성磁氣異方性, magnetic anisotropy은 자성체가 갖는 중요한 특성의 하나이다. 이는 자화의 방향이 어디에 놓이고 싶은지를 나타내는 물리량이다. 다시 막대자석을 살펴보자. 우리가 아는 막대자석은 양 끝에서 자기장이 나온다. 자석 내부에서 자화의 방향이 길이 방향으로 있는 것을 선호하기 때문이다. 이를 달리 말하면 에너지 측면에서 안정한 상태인 것이다.

좀 더 나아가 보자. 한쪽의 길이가 다른 쪽의 길이보다 매우 긴, 납작한 판을 생각해보자. 대표적으로 쇠로 만든 30 cm 자를 예로 들 수 있다. 이러한 모양은 막대자석과 유사한 경우로, 자화는 길이가 긴 방향을 선호한다. 이렇게 자화는 그 자성체의 모양과 형태 등 다양한 요인의 영향을 받아 선호하는 방향이 존재하는데, 이를 자화 쉬움 방향magnetic easy direction이라고 한다.

미식축구공같이 생긴 자성체도 막대자석과 유사할 것이라고 유추할 수 있을 것이다. 그렇다면 축구공 모양의 쇠 구슬은 어떨까? 구형이므로 자화가 어떤 방향으로 놓일지 특정하기가 어렵다. 이렇게 형상에 대해 자화 방향이 다른 것을 형상이방성shape anisotropy이라고 한다. 그림 3-11은 판상 구조의 형상이방성과 그에 상응하는 자기 이력 곡선을 도식적으로 표현한 것이다. 이밖의 이방성으로는 결정 구조에 따라 생기는 자기결정이방성, 자기탄성이방성, 표면이방성 등이 있다.

자기결정이방성의 한 예로는 코발트(Co)가 있다. Fe이나 Ni과 같은 원소로 이루어진 자성체는 결정 구조가 입방cubic인 데 비해 Co는 위아래가 길쭉한 육방hexagonal 구조로 자화 쉬움 방향이 장축 방향에 놓이게 되는 특징이 있다.

여러 이방성 중 그 세기가 가장 큰 것은 형상이방성인데 이는 그 크기가 포화 자화에 비례하기 때문이다. 앞서 납작한 판을 아주 얇은 박막 형태로 만들어 수 개의 원자층 정도로 가공한다고 상상해보자. 이런 경우, 맨 위와 맨 아래에 있는 원자층들은 안쪽에 있는 원자층과는 달리 제대로 결합하지 못하여 에너지적으로 불안정해진다. 안쪽의 원자층은 모든 방향으로 결합하여 안정하지만, 바깥쪽의 원자층은 한 방향으로만 결합하기 때문이다. 이러한 상태를 극복하기 위해 자화는 박막 면에 수직으로 서게 된다. 즉 자화 쉬움 방향이 면 수평에서 면 수직으로 바뀌게 된다. 이같이, 박막 또는 나노 크기의 세상에서는 크기 효과size effect에 따라 흥미로운 물성들이 생기며, 이를 활용한 기술과 자성소재들도 출현하고 있다.

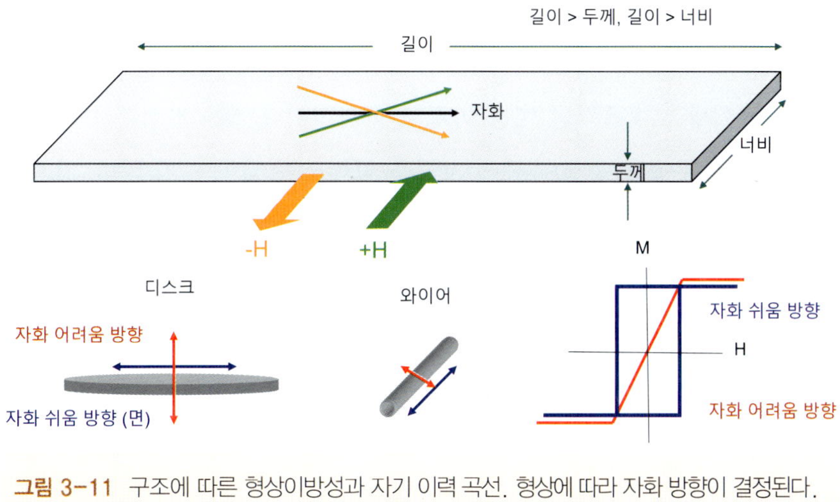

그림 3-11 구조에 따른 형상이방성과 자기 이력 곡선. 형상에 따라 자화 방향이 결정된다.

연자성과 경자성

앞서 자성소재에는 연자성소재와 경자성소재가 있다고 언급했다. 이 둘은 어떻게 구분하는 것일까? 자석의 영향을 받아 일시적으로 자석이 된 못을 기억해보자. 일시적으로 자석이 된 못에 반대 크기의 자기장을 가하면 다시 자화가 되지 않은 원래의 상태로 돌아오게 되는데, 이때의 자기장의 세기를 보자력H_C, coercivity이라고 한다. 보자력이 큰 물질이 경자성소재이며, 보자력이 작은 물질이 연자성소재이다.

연자성소재는 외부 자기장에 의해 쉽게 자화됐다가 반대 방향의 자기장을 가하면 쉽게 자화를 잃는다. 이들은 전자석에 대표적으로 사용된다. 전자석은 전류를 흘려 자기장을 발생시키는 장비이다. 연자성소재인 연철은 전자석에서 필수적인 요소인데, 연철은 전자석에서 생기는 자기장의 세기를 더 강하게 해주는 역할을 한다. 전자석에 가해주는 전류가 없을 때 연철은 자성 특성을 잃고 전류의 방향을 반대로 가해주면 자기장의 방향도 반대가 될 것이다.

경자성소재의 대표적인 예는 바로 영구자석이다. 영구자석은 보자력이 매우 크기 때문에 일상생활 중에 자성을 잃어버릴 일이 많지 않다. 자석은 칠판, 필통, 냉장고 문 등 일상생활에 필수적인 요소 중 하나이다.

그림 3-12는 주요 자성소재의 분류를 보여주고 있다. 외부 자기장에 민감하게 감응하는 연자성소재는 전기전자, 통신, 컴퓨터, 로봇, 자동차 등 전자기 부품의 핵심소재이다. 대표적으로는 철(Fe)에 실리콘(Si)이 질량비로 약 3% 들어간 전기강판이 있다. 통상 실리콘 스틸로 불린다. 변압기나 스마트폰 충전기를 반으로 쪼개보면 전기강판을 볼 수 있다. 특히 제조 시 압연

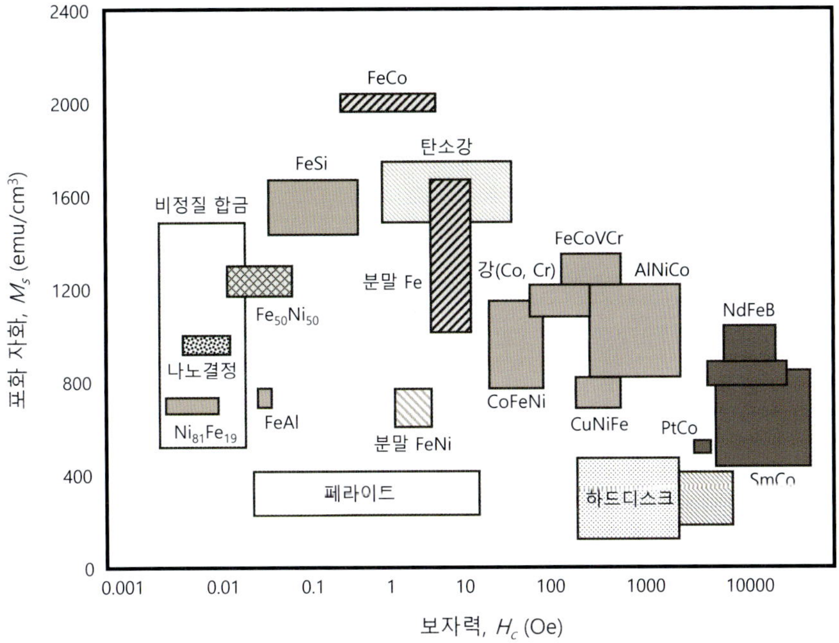

그림 3-12 주요 자성소재의 특성에 따른 분류

과정에서 결정립 방향을 제어한 방향성 전기강판이 부가가치가 높은데, 이는 투자율을 높이고, 와류전류 발생에 따른 손실을 낮출 수 있기 때문이다[9]. 방향성 전기강판은 산업용 대형 변전소 변압기에서 가정용 전원 어댑터에 이르기까지 폭넓게 사용되고 있다. 무방향성 전기강판은 주로 발전기, 전기 자동차를 비롯한 모터 등에 활용된다. 우리나라 포스코가 주요 글로벌 제조사 중 하나이다.

9 와류전류eddy current는 자성체에 교류자기장이 인가될 때 전자기유도 현상으로 생기는데, 대부분 열로 변환되는 쓸모없는 에너지 손실이다. 철손iron loss이라고도 불린다.

전기강판 시장 규모는 2020년에 315억 달러로 추산되며 2020년부터 2025년까지 연평균 7.9% 성장하여 2025년에는 458억 달러에 이를 것으로 예상된다[10]. 특히 아태지역을 중심으로 전력 수요 증가, 산업화, 인구 증가와 도시화는 전기강판 시장의 성장에 중요한 역할을 하고 있다.

이외에도 내부에 결정 구조가 없는 비정질 자성소재는 보자력이 거의 없는 우수한 연자성 특성뿐만 아니라 고주파 특성이 우수하여 전력전자, 고효율 인버터, 모터(스테이터), 도난방지 태그, 전자기 차폐재를 비롯한 여러 용도에 활용되고 있다. 다만 약 5종 이상의 원소가 가미되어 있으며 제조공정이 까다로워[11] 가격경쟁력을 갖춘 소재개발이 관건이다. 그림 3-12의 우측에 있는 영구자석 또는 경자성소재, 그리고 중간에 있는 자기기록 매체에 관해서는 뒤에서 다루겠다.

전기차를 움직이는 영구자석

주요 글로벌 자동차 업체들이 10년 안에 내연기관이 없는 100% 전기차 전환을 이루겠다는 중장기 전략을 앞다퉈 발표하면서 전기차 시대 준비에 열을 올리고 있다. 현대차도 2040년까지 전기차의 비중을 80% 이상으로 올리겠다고 발표했다. 전기차의 원가에서 이차전지가 차지하는 비중이 제일 크지만, 전지만큼 중요한 부품 중의 하나는 모터motor를 비롯한 전력계통

10 https://www.marketsandmarkets.com/Market-Reports/electrical-steel-market-96179524.html

11 주로 용융상태의 합금을 급속응고시켜 리본 형태로 모재를 제조한다.

부품이다. 현재도 자동차에 약 40종의 소형 모터류가 와이퍼, 차창, 에어컨, 백미러 등에 소요되는데, 앞으로 전기차 시대가 대두되면서 고출력 동력용 모터와 부속품들의 수요도 대폭 증가할 것이다.

모터는 직류 또는 교류 전류를 받아서 회전축에 회전력(토크)을 발생시키는 동력 기계로, 자동차에 쓰이는 모터를 전동기電動機라고도 한다. 모터는 고정자stator와 회전자rotor, 정류자commutator로 구성되어 있으며, 그림 3-13에 모터 내부의 모습이 나와 있다. 모터가 회전력을 받게 되는 원인은 자기력의 근원인 로렌츠힘Lorentz force 때문이다. 로렌츠힘이란 자기장이 존재하는 영역에 전류를 흘리면(즉, 전자가 이동하면), 자기장과 전류에 수직인 방향으로 받게 되는 힘이다. 이러한 힘에 의해서 전류가 흐르는 도선이 힘을 받게 되고, 그로 인해 회전자를 회전시킨다. 회전자가 반 바퀴 회전하여

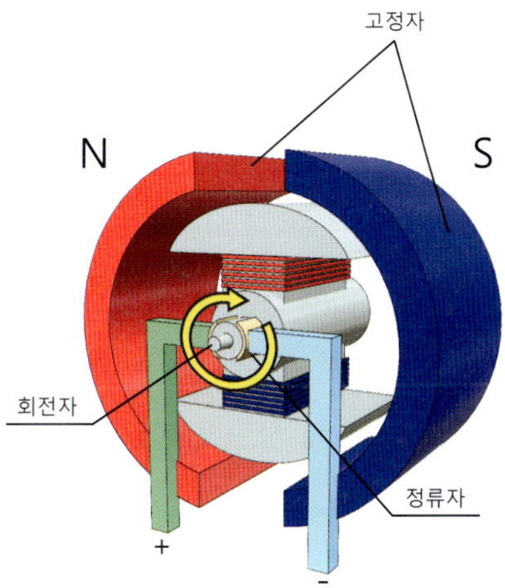

그림 3-13 모터의 원리. 회전자와 영구 자석 고정자가 있는 전기 모터의 작동 방식. + 및 − 기호는 전기자 코일에 전류를 공급하는 정류자에 전류가 주입되는 방향을 나타낸다.

방향이 바뀌었을 때, 정류자가 전류의 방향을 바꾸어주면 회전자는 한 방향으로 계속 힘을 받아 회전할 수 있다.

특히 영구자석을 이용한 고출력 모터는 로봇, 드론, 무인비행체 등 모빌리티 관련 미래산업에 필수적인 부품으로 자리매김하고 있으며, 관련 인력의 수요도 증가할 것으로 예상한다. 세계 영구자석 시장은 금속과 세라믹 자석류가 대부분이며 2021년에는 226억 달러에 이를 것으로 전망된다. 이 중 네오디뮴-철-붕소(NdFeB) 시장이 전체의 71%를 차지하여 161억 달러에 이르고, 페라이트ferrite 자석은 전체의 22%를 차지하는 49억 달러에 이를 것으로 예상된다.

동력을 제공하는 고출력 모터에, 특히 회전자 축 상에 희토류 영구자석을 넣으면 높은 출력 효율과 토크 제어가 가능하게 된다. 이런 이유로 고급 전기차종의 경우 100 km/h에 다다르는 속력까지 3초 내로 도달할 수 있다. 희토류 금속 원소[12]는 비단 영구자석뿐만 아니라 고강도 합금, LCD 형광체, 촉매, 광학유리, 레이저 및 초소형 스피커, 스마트폰 오디오 등 고부가가치 핵심소재에 두루 활용되고 있다.

그림 3-8의 자기 이력 곡선에서는 y-축인 M(또는 B)과 x-축인 H로 둘러싸인 면적이 있는데, 이 최대면적($B \cdot H_{max}$) 값은 에너지를 의미한다. 이 면적이 클수록 고출력의 영구자석을 제작할 수 있다. 이 자석은 자기력이 매우 커서 작은 Nd 자석이라도 조심히 다루어야 한다. 만약 근처에 철재 캐비넷 같은 것이 있다면 자석을 손에서 놓는 순간 총알같이 캐비닛에 달라붙

12 희토류 원소稀土類 元素, rare earth element: 주기율표 상 17개 화학 원소의 통칭으로, 스칸듐(Sc)과 이트륨(Y), 그리고 란타넘(La)부터 루테튬(Lu)까지의 란타넘족 15개 원소가 포함된다.

을 것이다.

Nd 자석의 조성은 원자 분율로 $Nd_2Fe_{14}B$인 합금이다. 이 합금은 격자의 한 축이 다른 축들보다 긴 정방형tetragonal 결정 구조로 되어 있어, 앞서 말한 결정자기이방성을 갖고 있다. 이 Nd 영구자석은 1984년 미국 General Motors(제네럴 모터스, GM)사와 일본 Sumitomo Special Metals(스미토모 특수금속)사에서 독립적으로 연구개발됐다.

이전에는 (지금도 쓰이고 있지만) 희토 금속인 사마륨(Sm, 원자번호 62번)과 코발트(Co)의 합금인 $SmCo_5$(또는 Sm_2Co_{17})가 고에너지 영구자석의 주종을 이루고 있었다. 그렇다면 왜 미국 GM과 일본의 스미토모는 새로운 Nd 자석을 개발한 것일까? 필자(김)는 2005년 미국 캘리포니아주 산 호세San Jose 시에서 개최된 제50회 자성 및 자성소재 학회[13]에 참가하였는데, 당시 특별세션에서 그 답을 알 수 있었다. 다섯 개의 초청 강연이 있었는데, 그중 두 강연이 특별한 의미가 있었다. 첫째는 NdFeB 영구자석의 개발자 중 한 사람인 GM 연구소 잔 허브스트Jan F. Herbst 박사의 강연이었는데, 제목은 '폭동을 통한 혁신: NdFeB 영구자석[14]'이었다. 두 번째 강연은 프랑스 남파리대 알베르 페르Alert Fert 교수[15]의 '거대 자기저항부터 초기 스핀트로닉스까지'라는 제하의 강연이었다. 스핀트로닉스 관련한 내용은 뒤에서 다시 다루겠다.

허브스트 박사의 강연은 특이한 제목과 더불어 유머러스한 말투로 청중들의 이목을 사로잡았다. 당시로부터 수년 전 코발트 산지 가격이 폭발적

13 Magnetism and Magnetic Materials Conference로 매년 American Institute of Physics에서 주관하여 미국에서 개최하는 자성소재 분야 주요 학술대회이다.

14 영문 원제목은 'Innovation via insurrection: Nd-Fe-B permanent magnets'이다.

15 알베르 페르Albert Fert 교수는 MMM 학회 2년 후인 2007년 거대 자기저항의 발견으로 노벨물리학상을 받게 된다.

으로 뛰었는데, 코발트 광석의 최대 산지인 아프리카 콩고의 반정부 폭동과 부족 간 내전 때문이었다. GM은 당시 최대의 자동차 제조사였기에 자동차용 모터에 들어가는 SmCo의 안정적인 공급이 필요했다. GM의 수뇌부에서는 연구소에 SmCo를 대체하는 연구개발을 지시하였고, 허브스트 박사와 동료들은 신소재 연구를 수행하게 됐다고 한다. 결국 SmCo처럼 결정자기이방성을 갖는 소재를 연구하면서 많은 시행착오 끝에 유사한 결정구조를 갖는 NdFeB 합금에서 SmCo를 뛰어넘는 높은 보자력과 에너지($B \cdot H_{max}$) 값을 얻게 됐다고 한다. 추정컨대 스미토모 특수금속 역시 토요타 등 일본 자동차 제조사의 필요 때문에 동시대에 개발에 성공한 것으로 보인다. 참고로 Co는 최근에 다시 가격이 치솟고 있는데, 이는 휴대형 기기와 전기차용 이차전지의 수요가 커짐에 따라 양극재로 쓰이는 Co 산화물의 수요가 증가하기 때문이다. 최근 중국이 콩고의 Co 광산을 매점매석 한다는 이야기가 돌고 있는 데는 이런 이유가 숨어 있다.

SmCo 자석과 비교하여 NdFeB 자석이 자기적 특성은 더 우수하나 온도 안정성이 떨어진다는 단점도 있다. SmCo 자석은 150~350℃에서도 자기적 특성이 유지되는 반면 NdFeB 자석은 경우 100℃가 넘어가면 자기적 특성이 열화되기 시작한다. 에너지 변환 효율이 100%가 아닌 이상 손실분은 열로 방출되는데 150℃ 이상의 고온이 유지되는 풍력발전 터빈이나 전기차 모터에서는 큰 문제가 된다. 고온에 저항하기 위해 질량비로 약 10% 정도의 Nd을 원자번호 66인 중重희토 Dy(디스프로슘)로 치환하여 사용하기도 한다.

문제는 여기서 발생한다. Nd은 희토류 금속이나 부존량이 풍부한 편인데 비해, Dy는 그렇지 못하다. 그림 3-14는 세계 희토류 광산 매장량과 생산량을 보여준다[16]. 중국이 압도적인 생산량을 차지하고 있다. 중국 남부에 광산이 몰려있는데, 금속의 순도를 높이는 과정에서 방사능 물질을 비롯한 중금속 성분이 나와 선진국에서 정련을 꺼리는 경향이 있다.

희토류 금속이 전자제품에 필수적이라 일본은 희토류의 90%를 중국에서 들여오고 있었다. 그런데 2010년 중국과 일본 간의 센카쿠열도(댜오위다오) 영토 분쟁이 발생하자, 중국은 2010년 일본에 희토류 수출을 제한하고 일본 제품 불매운동, 일본 관광 금지조치 등 전방위 규제에 들어갔다[17]. 이

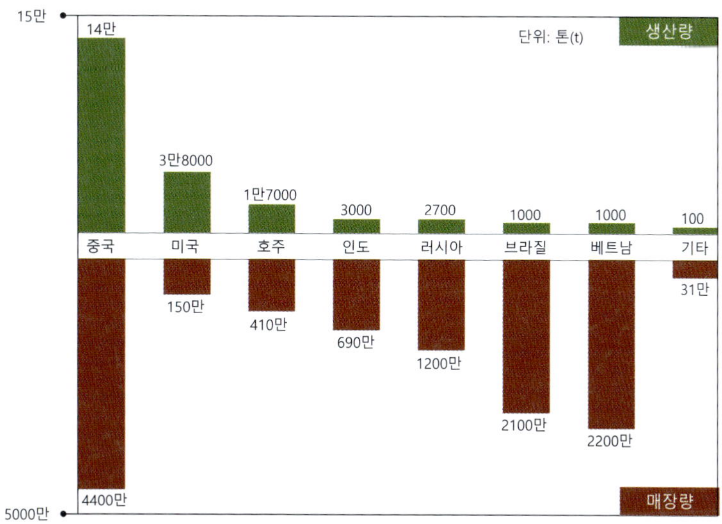

그림 3-14 2020년도 주요 국가들의 희토류 매장량과 생산량
출처: U.S. Geological Survey, Mineral Commodity Summaries, January 2021

16 원자료는 미국 U.S. Geological Survey에서 볼 수 있다. https://pubs.usgs.gov/periodicals/mcs2021/mcs2021-rare-earths.pdf

17 https://www.donga.com/news/Inter/article/all/20100925/31385389/1

표 3-1 희토류 중 Nd와 Dy 금속의 원료인 산화물과 정련 후 금속 가격 추이 (US $/kg)

	2009	2011	2014	2021
Nd 산화물	50	300	120	50
Dy 산화물	100	2,500	280	260
Nd 금속	100	700	250	65
Dy 금속	200	3,200	500	320

* 순도는 99.9% 이상 기준

후 일본은 발 빠르게 대응했다. 호주 광산업체에 출자하는 한편 희토류 저감 소재 개발에 주력한 결과 중국 의존도를 50%대로 낮출 수 있었다. 2015년 1월 중국이 WTO에서 패소하면서 수출 규제를 철폐하기에 이르렀다. 표 3-1은 희토류 금속인 Nd와 Dy의 산화물 원료와 정련된 금속의 가격 추이를 보여준다. 2011년 중반 최고조로 치솟던 희토류 가격은 이후 안정화하였으나 최근 전기차의 수요 증가로 다시 상승세에 있다.

앞서 언급하였지만, 영구자석은 4차 산업혁명의 핵심 분야인 로봇, 드론, 자율주행차 등에 사용되는 핵심소재이나, 고특성 영구자석의 주원료인 희토류 원소(Nd, Dy, Tb 등)들의 급격한 가격 상승과 수급문제가 심각하다. 또한, 일본기업들이 Nd계 영구자석의 원천특허를 독점적으로 보유함에 따라 국내 영구자석 기술의 차별화와 희토류 의존도를 감소하는 원천소재기술 개발이 필요하다. 희토류 자석의 원료 수급문제로 인한 국가 자원안보 문제를 해결하고, 과학기술 산업경쟁력을 향상하기 위해서는 영구자석에서 희토류 원소의 함량을 저감reduction하거나 희토류 원소 사용을 대체replacement해야 한다. 즉, 단기적으로는 NdFeB계 희토류 자석의 구성 원소 중 가장 고가인 Dy, Tb 등의 사용을 줄이거나 대체하는 기술을 개발하고, 중기적으로는 비 Nd계 경희토(La, Ce, Y 등) 원소 기반의 영구자석을 개발하며, 장기적으로는 희토 원소 사용을 대체replacement하는 영구자석 개발이 필요하다.

자성체에 정보를 저장?

21세기 전후로 전자의 전하charge뿐만 아니라 업up과 다운down 두 종류의 스핀spin 자유도를 구분하여 전자의 이동을 제어하는 신기술 스핀트로닉스spintronics가 각광을 받고 있다[18]. 이 기술의 단초가 된 거대 자기저항giant magnetoresistance, GMR 현상은 1980년대 후반에 프랑스의 알베르 페르Albert Fert와 독일의 페터 그륀버그Peter Grünberg[19]에 의해 각각 발견되었으며, 2007년에 노벨물리학상이 수여됐다.

GMR의 발견으로 본격화된 스핀트로닉스 기술은 금세기의 화두인 나노기술nanotechnology의 한 축을 담당하며, 예전에는 볼 수 없었던 새로운 양자역학적 현상의 발견으로 지속적인 기술의 발전을 이루고 있다. 특히 반도체, 광학, 생명공학 기술 등과의 접목을 통해 다양한 미래 신산업 응용 분야를 창출하고 있다. 이 기술은 전자의 스핀 이동에 관한 학문적 흥미를 유발할 뿐 아니라, 대용량 하드디스크 드라이브HDD와 테이프 드라이브 헤드, 고속 비휘발성 메모리인 MRAMmagnetic random access memory의 구동 소자에 상용화되고 있으며, 그밖에도 자동제어 센서, DNA 바이오칩에 일부 활용

18 한국물리학회 발간 물리학과 첨단기술에 기고한 내용을 업데이트하여 작성했다. https://webzine.kps.or.kr/?p=4&idx=137

19 2018년 4월 7일 작고

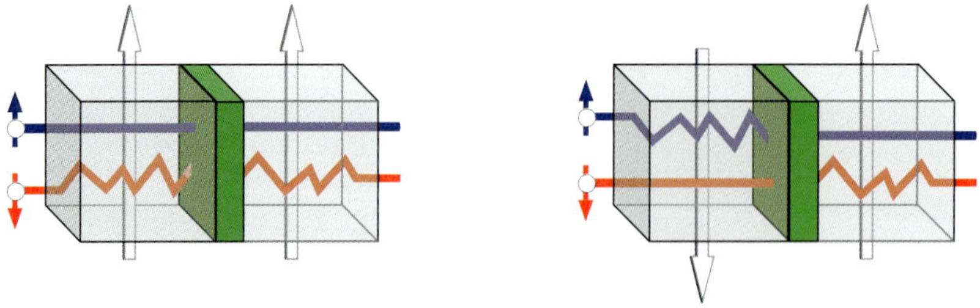

그림 3-15 스핀 의존 전자산란 모델. 평행 배열(좌)과 반평행 배열(우)

되고 있다.

GMR의 기본 원리는 스핀 의존 전자산란 모델로 설명할 수 있다(그림 3-15). 각각 자화 방향이 평행parallel 상태와 반평행anti-parallel 상태로 배열된 두 자성층이 있다고 생각해보자. 두 자성층 사이에는 Cu 같은 비자성 전도층이 있다. 이러한 소자에 전류를 주입하면(전자의 이동이 발생), 두 소자의 전기저항은 어떻게 될까? 전자에는 업 스핀과 다운 스핀을 갖는 두 종류의 전자들이 있으며, 전자의 흐름도 스핀 방향에 따라 다른 채널이 형성된다. 왼쪽 그림을 보면 업 스핀 전자 채널이라면 자화 방향이 같은 자성층을 통과할 때는 전자의 산란이 적은 반면, 다운 스핀 전자 채널은 많은 산란이 발생한다. 전자산란이 많다는 것은 전기저항이 높아진다는 의미이다. 결과적으로 소자의 전기저항은 산란이 적은 채널이 결정하므로 전체 저항은 낮다. 반면 오른쪽의 경우 어떤 스핀 전자 채널이라도 그 전도의 양상은 같기 때문에 양 채널의 전자 전도를 감안하면 전체 전기저항은 높다.

앞서 밝혔듯이, 왕립 스웨덴 과학원은 페르와 그륀버그가 각각 1988년, 1989년에 발표한 논문을 근거로 노벨물리학상을 수여했다. 페르의 논문에서는 Fe/Cr 다층박막에서 약 50%(4 K) 및 25%(상온) 정도의 높은(거대) 자기저항 비를 실측한 결과를 제시하여 세간의 주목을 받았다[20]. 당시까지 알려진 최대의 자기저항 비를 갖는 물질은 NiCo 합금으로, 상온에서 약 6% 정도였기 때문이다. 그륀버그와 그의 동료들은 다층 구조가 아닌 단순한 구조의 Fe/Cr/Fe 3층막에서 상온에서 1.5%의 자기저항 비를 실측했다[21].

이 두 논문을 토대로 GMR 현상을 이용한 다양한 연구들이 진행되었는데, 1990년 IBM의 스튜어트 파킨Stuart Parkin은 산업적으로 유용한 방식인 스퍼터링 증착기술로 GMR 현상을 규명하였으며[22], 1991년 베르나르 디에니Bernard Dieny는 저장 매체인 하드디스크 드라이브HDD 헤드의 재생 소자로 적용이 가능한 스핀-밸브spin-valve 구조를 논문과 특허를 통해 제시했다[23]. 이 구조는 한 강자성층의 방향은 고정하면서 다른 강자성층의 방향은 자기장에 따라 자유롭게 움직일 수 있게 설계하였고, 자화 고정층과 자유층 사이에는 구리(Cu) 박막층을 넣어 GMR이 나타나게 하는 원리이다.

2007년 노벨물리학상이 GMR 발견에 주어진 것은 학문적 기여 외에도 산업화에 주는 파급효과가 매우 컸기 때문이다. GMR 현상이 발견된 이후 채 10년도 되지 않아 IBM사의 HDD 헤드에 적용되었으며, 우리 실생활에 많은 변화를 가져왔다. 만약 이러한 발견이 없었다면 우리는 지금의 1000배 이하인 500 MB 수준의 HDD를 쓸 수밖에 없을 것이며, 인터넷과 IT의 발전도 더딜 수밖에 없었을 것이다.

---

20 A. Fert et al., Phys. Rev. Lett. 61, 2472 (1988)

21 P. Grünberg et al., Phys. Rev. B 39, 4828(R) (1989)

22 S. S. P. Parkin et al., Phys. Rev. Lett. 64, 2304 (1990)

23 B. Dieny et al., Phys. Rev. B 43, 1297(R) (1991)

한편 페르 교수는 1988년 GMR 논문발표 이후 지금까지도 약 30년간 꾸준히 스핀트로닉스 분야의 연구논문을 발표하여 동 분야 연구자들의 귀감이 되고 있다. 2005년 미국 캘리포니아주 산호세에서 개최된 'Conference on Magnetism and Magnetic Materials' 학회의 50주년 기념 강연에서 지난 반세기 동안 자성 및 자성소재 분야에서 괄목할 만한 성과를 보인 5분의 연사가 초청됐다. 페르 교수도 그중의 한 명으로 GMR과 스핀트로닉스의 연구성과를 차분하고도 진지하게 설명했다. 필자도 참관하였는데, 프랑스식 영어 발음이라 귀를 세우고 들었던 기억이 있다.

한 가지 재미있는 사실은 GMR 원천특허는 그륀버그 교수에게 있다는 것이다. 1990년 "Magnetic field sensor with ferromagnetic thin layers having magnetically antiparallel polarized components" 제목인 미국 등록특허 4,949,039호이다.

그림 3-16에서 보듯 자기장 센서에 관한 것은 3층막 구조를 제시하였고, 여러 소재를 청구항에 담고 있다. GMR 헤드를 쓰는 HDD 제조사는 HDD 한 대를 판매할 때마다 그륀버그 교수에게 소정의 특허 사용 기술료(로열티)를 지급할 수밖에 없었다. 특허는 20년간 권리가 유지된다. 마치 국내외 휴대폰 제조사가 한 대씩 팔 때마다, CDMA 모뎀 칩셋의 원천특허를 가진 미국의 퀄컴사에 로열티를 지급해야 하는 것과 같다[24]. 그륀버그 교수의 소속 연구소는 약 1천만 유로 이상의 로열티 수입을 올렸다고 알려졌다. 명성을 추구할지 부를 추구할지는 독자들의 판단에 맡겨 둔다.

GMR 현상의 발견이 주는 과학기술적 의의와 응용 분야에 대한 자세한

24 "독점 기술로 경쟁사 고사시킨 퀄컴, 한국서만 38조원 벌었다". https://biz.chosun.com/site/data/html_dir/2016/12/29/2016122900259.html

United States Patent | **Patent Number: 4,949,039**
Grünberg | **Date of Patent: Aug. 14, 1990**

MAGNETIC FIELD SENSOR WITH FERROMAGNETIC THIN LAYERS HAVING MAGNETICALLY ANTIPARALLEL POLARIZED COMPONENTS

Inventor: **Peter Grünberg,** Jülich, Fed. Rep. of Germany

Assignee: **Kernforschungsanlage Jülich GmbH,** Jülich, Fed. Rep. of Germany

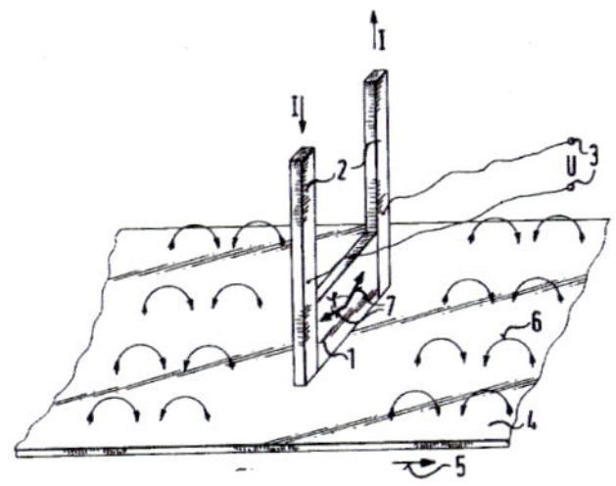

그림 3-16 삼층막 구조의 자기장 센서에 관한 미국 등록특허
출처: US Patent and Trademark Office

해설은 한국물리학회가 발간하는 물리학과 첨단기술 2007년 12월호 '2007 노벨물리학상' 특집 기고를 보기 바란다[25]. 이 특집은 필자(김)가 게스트 에디터로 동 분야 동료들과 집필에 참여했다. 특히 지인인 프랑스 그레노블에 위치한 스핀텍Spintec 연구소의 베르나르 디에니 박사가 알베르 페르 교수와의 인연과 더불어 미국 IBM에서 박사후연구원으로 있으면서 HDD 헤드에 적용된 GMR 스핀-밸브 소재 구조에 대한 개발 경험에 관해 기고하였다.

HDD 기술의 발전

1990년 초 세계 여러 연구기관과 기업체에서는 GMR 현상을 활용한 HDD

25 https://webzine.kps.or.kr/?p=4&idx=137

헤드 개발이 가속화됐다. 1959년 IBM에서 350 RAMAC이라는 최초의 HDD가 당시 $35,000의 가격으로 출시됐다. 24인치 디스크 50장으로 5 MB 정도의 용량이다. 만약 옷장만 한 크기인 RAMAC으로 현재의 1 TB 용량을 구현하려면 축구장 3000여 개를 채워야 할 정도의 크기를 차지한다. 크기와 용량뿐만 아니라 데이터 속도가 70 Kb/s로 현재의 1 Gb/s 속도에 비한다면 거의 거북이 수준이라고 볼 수 있다.

그림 3-17에서 보듯, HDD는 디스크와 헤드에 각종 소재를 활용하고 있으며, 신호처리와 오류 보정 기술, 디스크에 기록된 자기장을 고감도로 읽고 쓰기 위해 헤드의 부상 높이를 안정하게 하는 고정밀 유체역학 기술, 헤드를 10,000 rpm의 디스크 트랙으로 안정하게 움직이게 하는 서브 기술을 망라한 재료공학, 전자공학, 기계공학 등 공학기술의 집약체이다. 2011년에

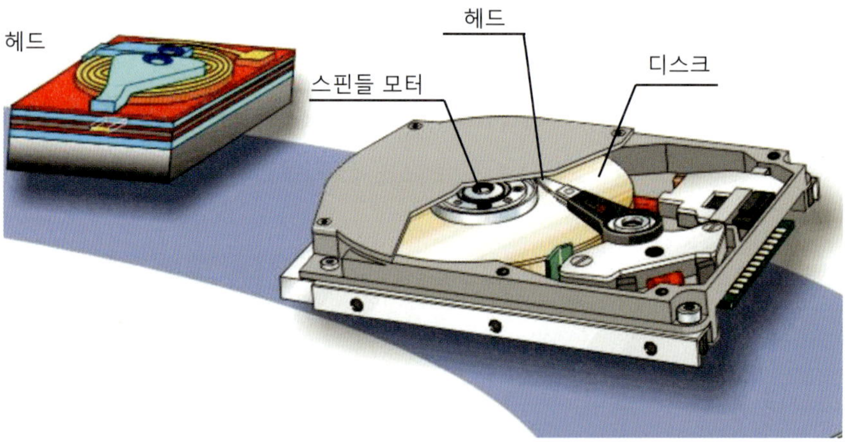

그림 3-17 하드디스크 드라이브(HDD)의 구성요소들. 헤드는 데이터를 읽어주는 역할을 하며 디스크에는 실제로 데이터가 저장되는 곳이다. 스핀들 모터는 디스크를 돌려주는 역할을 한다. 전자회로는 디지털 신호처리를 담당한다.
제공: Dr. Stuart Parkin, IBM

이미 부상 높이가 5 nm 정도로 낮아졌는데, 비유하자면 보잉-747(읽기/쓰기 헤드)이 지구 표면(하드디스크 플래터) 1 cm 위로 마하 800의 속도로 날아가는 것과 유사하다! 관심 있는 독자는 'Magnetism: Data Storage'이라는 4분 정도의 동영상을 참고하기 바란다[26].

자기기록 기술에서는 반도체 고집적회로처럼 단위 면적당 얼마나 많은 비트의 정보를 기록할 수 있는가에 집중한다. 즉, 제곱 인치당 비트 수를 뜻하는 면 기록밀도를 증가시키는 것이 관건이다. 2000년 초까지 면 기록밀도[27]는 반도체 분야에 적용되어 온 무어의 법칙을 뛰어넘어 매년 약 60~100%씩 비약적인 성장을 구가하게 됐다(그림 3-18).

필자(김)는 자성 다중박막 연구로 1993년 MIT에서 공학박사 학위를 마친 후, 당시 세계 굴지의 HDD사인 미국 Quantum(퀀텀)사에서 HDD 헤드 개발 엔지니어로 일하게 됐다. 당시 NiFe 합금을 이용한 자기저항(MR) 헤드를 생산하고 있었는데, 여러 회사에서 GMR 헤드 개발이 한창이었다. 필자도 GMR 헤드를 개발하자고 회사에 건의하였고, 당시 여러 차례 사내 기술세미나에서 발표할 기회를 얻었다. 마침내 승인이 나서 고가의 박막증착 설비를 구매할 수 있었다.

당시 사업부장이었던 라마 닉스J. Lamar Nix의 전폭적인 지원과 격려가 회사생활에 큰 힘이 되었고, 지금도 이분을 멘토로 생각하고 있다. 이 분은 특

---

26 Magnetism: Data Storage. https://www.youtube.com/watch?v=f3BNHhfTsvk

27 면 기록밀도areal recording density는 주로 Gb/in^{2}의 단위를 쓴다. 8 bit가 1 Byte를 이룬다. 현재 3.5인치형 디스크(또는 플래터) 4장을 앞뒤로 쓰는 HDD의 기록 용량이 2 TB(테라바이트)라고 하면, 디스크 1장당 기록 용량은 500 GB. 면 기록밀도로 환산하면 400 GGb/in^{2}에 달한다. 데스크톱 컴퓨터나 서버 등에는 3.5인치 제품, 노트북 등에는 2.5인치 제품, 휴대용 미디어 플레이어에는 1.8인치 제품이 사용되고 있다.

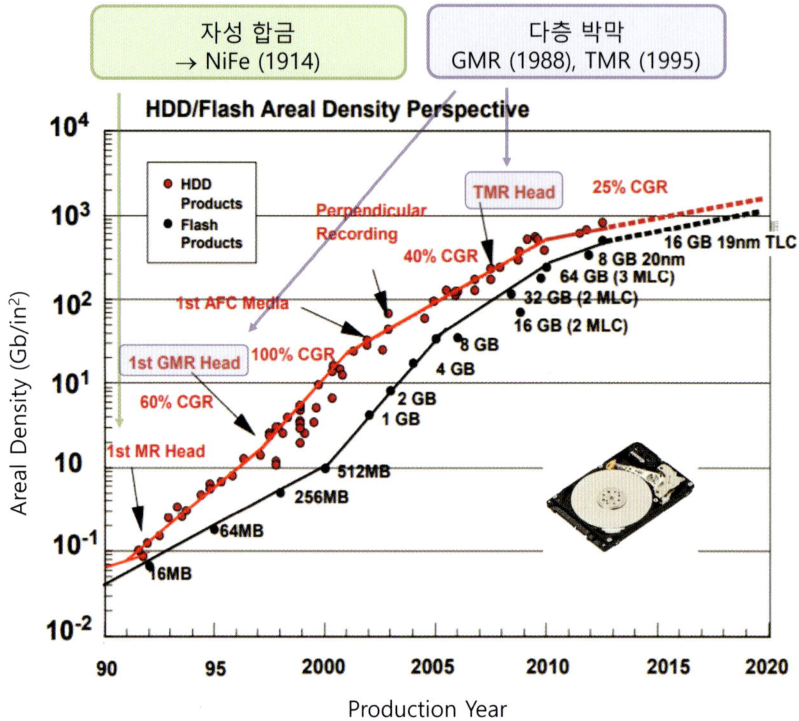

그림 3-18 면 기록밀도의 비약적인 성장 추이
제공: Edward Grochowski, Computer Memory Storage Consultant

이하게도 특허 변호사 자격을 가진 전기공학 엔지니어셨다. 남부 조지아 사투리가 심해 회의할 때 엄청난 집중력이 필요했던 기억이 난다. 회사 대표로 미국 국가 산학과제인 NSIC National Storage Industry Consortium에 참여하여, 1996년 면 기록밀도 10 Gb/in^2 기술구현에 동참한 기억이 새록새록 떠오른다.

최근 HDD는 인터넷 서버의 폭증, 클라우드 기반 정보저장의 수요가 증가하면서 대용량 저가 정보저장장치로 새롭게 부상하고 있다. 2021년 1월에는 20 TB 대용량을 갖는 HDD가 출시되기도 했다. 면 기록밀도는 무려 2 Tb/in^{2}이다.

그렇다면 HDD의 기록밀도를 무한정 높일 수 있을까? 언뜻 생각하기에는 HDD에 있는 N극과 S극의 영역을 점점 작게 하면 될 것 같지만, 거기에는 한계가 존재한다. 일반적으로 자기기록 매체는 각 비트가 약하게 상호작용하는 100여 개의 자성 입자로 구성된다. 한 개의 비트에 포함된 N개의 입자는 $\sim\sqrt{N}$의 신호 대 잡음 비(SNR)를 유지해야 하므로 더 작게 줄일 수 없다. 따라서 면 기록밀도는 입자 부피(V)의 감소에 의해서만 증가할 수 있다. 즉, 평면상의 영역을 줄일 수 없으니 높이를 줄이자는 것이다. 그러나 여기에도 한계는 있다. 메모리는 정보를 저장하는 것이므로 보존되는 기간이 중요하다. 즉 HDD 내부의 특정 영역에 1 혹은 0이라는 정보를 저장했다면, 그 정보가 변하지 않아야 한다. 자석을 이용한 메모리에 있어서, 정보가 변한다는 것은 업과 다운 두 개의 상태가 서로 바뀌어버리는 것을 의미한다. 따라서 업과 다운이 서로 바뀌지 않도록 높은 에너지 장벽을 만들어 주는 것이 필요하다.

업, 다운의 두 가지의 자화 상태를 구분하는 에너지 장벽은 KV에 비례한다. 여기서 K는 자기이방성 에너지 값으로서 변하지 않는 값이다. 따라서 입자 부피(V)가 감소하면 업과 다운 사이의 에너지 장벽이 작아져 비트가 불안정해지고, 열적 요동에 의해 자발적인 자화 반전(업과 다운이 바뀌는 상황)이 발생할 수 있다[28]. 이 현상을 초상자성superparamagnetism 효과라고 하는데, 이는 자기기록 면 밀도의 한계를 결정한다.

28 자발적인 자화 반전이 일어난다는 의미는 0, 1 등으로 기록된 정보가 뒤바뀌어 오류가 발생함을 의미한다.

일반적으로 디스크에 기록된 비트의 열적 안정성은 자기에너지 대 열에너지의 비율인 KV/k_BT로 나타낼 수 있는데, 여기서 k_B는 볼츠만 상수이고, T는 상온(300 K)이므로 일정하다. 통상 10년 이상 기록된 비트의 안정성을 보장하려면 $KV/k_BT > 60$ 정도가 되어야 한다. 비트 안정성을 유지하면서, 면 기록밀도를 증가시키려면 V를 줄이면서 동시에 자기 매체의 K를 크게 해주어야 한다. 따라서, 비트가 아주 작은 입자로 쓰인다면 이 입자들은 열적으로 안정하기 위해 높은 K 값을 가져야 한다. 높은 자기결정이방성은 매우 큰 보자력[29]을 의미하므로, 결과적으로 새 정보를 반복적으로 기록(write)하기 위해서는 더 강한 외부 자기장이 필요하게 된다. 그러나 현실적으로 자기기록 헤드에서 이렇게 큰 자기장을 발생시키기는 어렵다. 이러한 관점은 자기기록 기술에서 잘 알려진 딜레마이다.

정리하자면, HDD의 기록밀도를 높이기 위해 입자의 크기를 줄이고 싶다. 그러나 입자의 크기가 줄어들면 기록된 정보의 안정성을 담보할 수 없다. 입자의 크기가 줄어도 정보의 안정성을 높이고 싶으면 자기결정이방성 값이 커야 하는데, 이는 높은 보자력을 요구한다. 이런 조건을 달성하기 위해서는 더 강한 외부 자기장이 필요하지만, 현실적으로 어렵다.

이 문제에 대한 하나의 해결책은 열 보조 기록기술heat-assisted magnetic recording, HAMR이다. 이 기술은 먼저 헤드에 부착된 초소형 레이저로 매체를 국부적으로 가열하여, 순간적으로 자기 입자의 보자력을 낮춘다. 이 상태에서 외부 자기장을 인가하여 비트를 구성하는 입자의 자화를 반전시킨다. 미국 Seagate(씨게이트)사가 2002년 그 개념을 최초로 발표하였지만, 2013년까지도

29 앞서 보자력 값이 큰 자성소재를 영구자석이라고 했다. 영구자석은 매우 큰 자기장 하에서만 N, S극의 반전이 가능하다.

기술개발이 지지부진하여 비판을 받아 왔었다. 가열, 기록, 냉각을 모두 1 나노초(ns) 안에 해결해야 하는 고난도의 기술을 요구했기 때문이다. 최근에는 초소형 레이저를 헤드에 장착하는 기술, 매체 표면만 가열할 수 있는 기술, 냉각을 위해 열전도도가 높은 매체의 개발 등 많은 난관을 극복하고 있다.

전원공급이 불필요한 메모리의 출현

스마트폰, 노트북 PC를 포함하는 모바일 단말기와 사물인터넷(IoT) 기기의 보급을 통해 전력을 적게 소모하고 데이터 속도가 빠른 고성능 정보저장 매체의 수요가 증가하고 있다. 사물인터넷은 초고속 컴퓨터, 모바일 플랫폼, 일반가전, 의료기기, 로봇에 이르기까지 전체 전자기기들을 네트워킹하려는 시도이다. 통신 중계기, 단말기, 서버 부품 등에 사용되는 메모리의 성능 또한 고집적, 저전력, 고기능화를 목표로 지속적인 개발이 요구되고 있다.

이 중 자기소재를 이용한 메모리인 MRAM[30]은 자기저항magnetoresistance이라는 양자역학적 효과를 이용한 메모리 소자이다. MRAM은 전원이 꺼져도 기록된 비트가 지워지지 않고 남아있는 비휘발성nonvolatile 메모리 소자로, 소비전력이 낮고 넓은 온도 범위에서 동작이 가능하다. 즉, 부팅이 필요하지 않은 컴퓨터나 스마트폰이 탄생할 수 있는 꿈의 메모리가 될 가능성이 있다. 노트북이나 스마트폰에서 메신저를 쓰다가 배터리가 방전되더라도 조마조마할 필요가 없는 것이다.

30 MRAM은 Magnetic Random Access Memory의 약어이다.

컴퓨터 메모리 성능을 보면 두뇌 격인 중앙처리장치CPU[31]는 논리 소자의 연산 작동을 위해서 각종 메모리 소자들이 필요하다. 논리 소자 바로 옆에는 SRAM[32]이라는 1 나노초(ns)의 응답속도를 갖는 저용량(Mb급) 초고속 메모리가 순식간에 연산에 필요한 정보를 저장, 공급하는 역할을 하고 있다. 이러한 SRAM을 캐시cache 메모리라고 한다. 그러나 더 필요한 정보가 있다면 Tb급 대용량 자기기록 매체인 HDD나 플래시 메모리 기반 SSD에서 정보를 끌어와야 하지만, 이들 매체는 속도가 매우 느리다. 따라서 중간 가교 역할을 하는 Gb급 고속 메모리가 필요한데 이 역할을 맡아 하는 메모리가 DRAM이다. DRAM은 구조가 단순하여 고집적이 가능하지만, 전원 공급이 없는 경우 정보가 없어지는 휘발성 메모리이다.

MRAM의 경우 자성소재 기반으로 여러 물리학적 원리가 규명되었고 특허 장벽도 높지 않아, 연구개발 초기인 2000년대 초반부터 세계 유수의 많은 반도체 회사들이 DRAM을 대체할 뉴메모리 후보로 관심을 가졌다. 특히 과학기술을 선도하는 미국은 1993년부터 2005년까지 국방성 고등연구국DARPA 주도로 스핀트로닉스 프로그램을, 이후 후속으로 SPiNS 라는 프로그램을 런칭하여 MRAM 기초기술 개발을 수행했다. 미국의 경우 프로그램의 성공 여부가 프로그램 매니저의 고과를 결정하기 때문에 프로그램 매니저는 연구자금과 더불어 막강한 영향력을 발휘한다. 당시 프로그램 매니저는

---

31 CPU는 Central Processing Unit의 약어이며, 스마트폰 경우 모뎀칩 등을 합쳐 Application Processor(AP)고, 통상적으로 일반적인 집적회로에서는 Microcontroller Unit(MCU)라고 부른다.

32 SRAM은 Static Random Access Memory, DRAM은 Dynamic Random Access Memory의 약어이며, Flash를 포함하여 이들은 모두 전하charge를 넣고 빼는 방식의 셀cell 구조를 갖고 있다.

스튜어트 울프Stuart Wolf 박사였는데, 학회에서 늘 초청강연자 섭외 1순위였다. 특히 울프 박사가 강연장에 나타나면 무수히 많은 산학연 연구자들이 말이라도 붙여보려고 안달복달하던 광경이 생생하다.

스핀트로닉스 프로그램의 성과로는 Honeywell(허니웰)사의 64 Mb 비휘발성, 내방사능 MRAM 칩, Everspin(에버스핀)사의 256 Mb 비휘발성 MRAM, NVE사의 200여 종의 스핀트로닉스 기반 센서들이 있다[33]. DARPA의 연간 예산은 약 30억 달러에 달한다. 특히 실패할 가능성이 크지만, 성공 시 막대한 변화와 편익을 가져올 고위험-고수익 기술에 투자하기로 유명하다. 인터넷, GPS부터 모더나 코로나 백신까지 DARPA 과제 수행의 산물이다[34]. 처음부터 말이 안 되어 보이는 과제에 장기적인 투자를 감행하는 미국은 과학기술 선도국이라 하지 않을 수 없다.

MRAM은 기본적으로 금속 다층박막으로 구성되어 있어 수십 나노미터(nm) 크기로 고집적 소자를 제작하는 공정이 매우 까다롭다. 기존 실리콘이나 산화물 구조와 달리 금속 구조는 반응성 식각etching이 매우 어려워 오랜 기간 개발이 더뎌졌다. 하여 MRAM은 메이저 시장인 집적회로용 메모리 소자로 활용되기보다는 우주항공, 소형 전자제품 등의 틈새시장에 활용되고 있었다.

2019년 삼성전자는 회로폭이 28 nm 급인 MCU에 집적한 내장형 MRAM(eMRAM) 제품을 출시했다[35]. 세계 최초의 제품으로 삼성전자 기술진의 오랜 노력과 저력이 돋보이는 쾌거라 할 수 있다. 향후 MRAM의 고집적

33 A New Spin on Spintronics (https://www.youtube.com/watch?v=_LCWMSEeRYA)

34 Defense Advanced Research Projects Agency (DARPA) (https://www.darpa.mil/)

35 https://news.samsung.com/kr

화 공정기술이 더욱 향상된다면 스마트폰이나 모바일 단말기에 적용되는 MCU 또는 더 포괄적으로 시스템 반도체 아키텍처가 근본적으로 바뀔 수 있다.

자동차 회사들은 MRAM을 정보처리 분야 외에도 차량용 정보저장기기에 사용하려고 계획하는데, 이는 여타 메모리와 달리 MRAM의 온도 내구성이 커서 저온에서 고온에 이르기까지 넓은 온도에서 작동할 수 있기 때문이다. 차량 주행은 물론, 충돌 기록을 위해 사고발생 시 많은 데이터를 수집하고 저장하여 사고나 고장의 원인을 알아내는 데 활용할 수 있다.

MRAM의 읽기 원리

MRAM은 두 자성체의 자화 방향의 배열에 따라 저항이 달라지는 자기저항 특성을 이용한 메모리이다. 데이터 0과 1 사이에서는 자기저항 비에 의해 저항 차이가 발생한다. MRAM은 이 저항 차이에 따른 전류의 차이를 구분하여 데이터를 읽는다.

MRAM의 핵심 구동 소자인 자기 터널 접합magnetic tunnel junction, MTJ은 터널링 장벽tunneling barrier으로 절연층 사이에 두 강자성층ferromagnetic layer이 샌드위치 형태로 구성되어 있다. 두께가 약 1 nm 정도의 MgO 박막을 사용하면 기존 GMR에서 Cu 같은 금속을 쓰는 것보다 훨씬 높은 자기저항 비를 얻을 수 있다. 이는 양자 우물로 전자가 투과할 수 있다는 원리로 터널 자기저항tunneling magnetoresistance, TMR이라고 부른다.

TMR의 메커니즘도 GMR과 유사하다. GMR이 1988년 프랑스와 독일 연구그룹에서 동일하게 발표되었듯이, 공교롭게도 1995년 같은 해, 일본 동북대 응용물리학과의 미야자키T. Miyazaki 교수 그룹과 미국 MIT Francis Bitter Lab의 무데라J. Moodera 박사 그룹에서 독립적으로 저널에 논문을 발표했다. 마치 업과 다운의 두 종류의 스핀을 다루는 스핀트로닉스처럼 두 개의 그룹에서 중요한 결과를 발표한 것이다.

두 연구팀은 Fe 또는 Co층과 비정질 Al-산화층으로 구성된 삼층막 구조로부터 상온에서 각각 18%, 11.8%의 높은 자기저항 비를 얻었다[36]. 터널자기저항 비TMR ratio는 GMR처럼 $(R_{ap} - R_p)/R_p$로 정의되는데, 여기서 R_{ap}는 두 자화층이 반평행한 상태(고저항), R_p는 두 자화층이 평행한 상태(저저항)에서의 전기저항을 의미한다. 이후 연구자들은 스퍼터링 증착기술로 비정질 Al-산화층을 포함한 MTJ 구조를 쉽게 제작할 수 있었고, 약 70% 정도까지 TMR 비를 올릴 수 있었다. 높은 자기저항 비는 MRAM에 사용하기 좋은 특성이므로 메모리 기업들뿐만 아니라 HDD 헤드 제조사들도 관심을 보였다. 다만 70% 정도의 TMR 비로는 에러가 없는 읽기 마진을 확보하기는 쉽지 않았다.

자기 메모리 개발을 위한 다음 돌파구는 MgO 장벽층이 있는 에피택셜epixatial[37] 성장한 MTJ 구조에서 거대한 TMR을 발견한 것이다. 앞서와 마찬가지로 공교롭게도 2001년 MgO 장벽층이 있는 MTJ에서 거대한 TMR이 구현될 것이라는 예측이 미국과 영국, 두 곳에서 발표됐다. 미국 국립 오크리지 연구소의 윌리엄 버틀러W. H. Butler와 동료들, 그리고 영국 런던 시티

36 T. Miyazaki et al., JMMM 193(3), L231 (1995); J. S. Moodera et al., Phys. Rev. Lett. 74, 3273(1995)

37 에피택시epitaxy는 박막층이 단결정 구조를 성장한 것을 의미한다.

대학교의 지리 마통J. Mathon과 동료에 의해 독립적으로 예측했다. 특히 후자 그룹은 1000%를 초과하는 TMR 비를 예측했다[38]. 본질적으로 이 효과는 MgO 장벽층의 특정 밴드 구조가 강자성층의 밴드와 정합적으로 일치할 때 일어나는 스핀 필터 효과에서 기인한다.

3년 뒤인 2004년에 미국 IBM의 파킨S. Parkin 그룹과 일본 AIST의 유아사S. Yuasa 그룹에서 실험 결과를 발표하였는데, 미국 그룹은 CoFe/MgO/CoFe MTJ 구조에서 최대 220%, 일본 그룹은 Fe/MgO/Fe MTJ 구조에서 최대 180%의 TMR 비를 상온에서 얻었다. 이론 예측이 실험적으로 규명된 사례라 볼 수 있다. 현재 상용화된 MRAM의 경우 대면적 기판에서 약 200% 이상의 TMR 비를 얻을 수 있다.

MRAM의 쓰기 원리

기존의 MRAM의 쓰기 방식은 MTJ 소자에 인접한 외부 도선에서 발생하는 자기장을 이용하여 자성 자유층의 자화 반전을 유도하는 방식이었다. 자유층의 자화 방향이 바뀌면 고정층 대비 P(parallel, 저저항) 또는 AP(antiparallel, 고저항)의 자화 상태가 형성된다. 즉, 도선에 전류를 흘리면 도선의 주위에 원형의 자기장이 유도되고 임곗값 이상의 전류를 도선에 흘려 자유층 자성 박막의 보자력보다 큰 자기장으로 자유층의 자화 방향을 결정할 수 있다는 원리를 활용한 것이다.

38 W. H. Butler et al., Phys. Rev. B 63, 054416(2001); J. Mathon et al., Phys. Rev. B 63, 220403(R) (2001)

그러나 이러한 방식은 MRAM의 크기를 줄여줄 수 없는 제약이 있어 디자인 룰(선폭) 90 nm 이하의 고집적 MRAM의 쓰기 방식으로는 적합하지 않다. 그러나 궁즉통이라 했다. 때마침 고집적화의 최대 걸림돌인 기록방식의 전환에 대한 이론이 부각됐다. 스핀트로닉스 기술의 전환점에서 늘 두 그룹의 연구 발표가 있었듯이, 1996년 IBM의 슬론체브스키J. C. Slonczewski 박사와 카네기멜론대학의 부제이L. Berger 교수는 전류 주입에 따라 자성층의 자화 방향을 바꿀 수 있다는 스핀 전달 토크spin transfer torque, STT 또는 전류 유도 자화 반전current induced magnetization switching, CIMS 이론 연구 결과를 독립적으로 발표했다[39]. 이 이론은 1999년 코넬대학의 R. Buhrman 교수 그룹에 의해 실험적으로 입증됐다.

스핀 전달 토크란 스핀이 정렬된 전류가 자성체 내를 지날 때 순간적으로 변화하는 각운동량에 의해 자성체의 자화 방향의 변화가 유도되는 현상이다. 정렬된 스핀 방향을 지닌 높은 밀도의 전류가 강자성체에 입사했을 때, 자성체의 자화 방향이 전류의 스핀 방향과 일치하도록 정렬하려는 성질이 있다.

그림 3-19에 보이는 자화 자유층/터널 장벽층/자화 고정층의 삼층막으로 구성된 간단한 자기 터널 접합(MTJ)를 생각해보자. 전자가 고정층에서 자유층으로 흐를 때 고정층의 자화 방향으로 스핀 방향이 정렬된다. 전자의 흐름에 의해 자유층의 자화 방향이 정렬되려는 토크를 받게 되며, 결국 일정 전류 이상에서 자유층의 자화 방향이 고정층의 자화 방향과 일치하게 된다. 반대로 자유층에서 고정층으로 전자가 입사하면 고정층과 자유

39 J. C. Slonczewski, JMMM 159(1-2), L1 (1996)

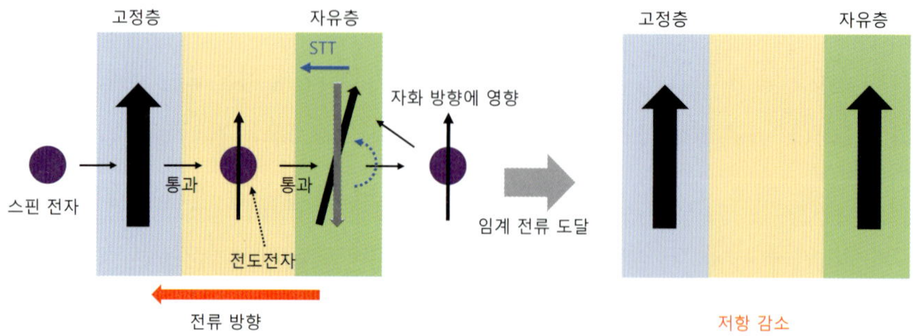

저항이 높은 반평행 자화 상태에서 저항이 낮은 평행 상태로 바뀌는 과정

그림 3-19 스핀 전달 토크의 원리

층의 경계에 스핀 축적 현상이 일어나 자유층의 자화 방향이 고정층과 반대 방향으로 평행하게 배열시키는 특성을 보인다.

STT 기록방식은 외부 자기장에 의해 자기 터널 접합의 자화 방향을 바꾸는 방식이 아니라 직접 전류를 주입하여 스위칭하는 방식이므로 소자의 크기가 작아질수록 요구되는 전류 밀도가 적어져(전력 소모 감소) 고집적화에 유리하다는 특징이 있다. STT-MRAM의 구현에 가장 해결해야 할 기술적 난관은 자화 반전 시 임계 전류 밀도의 감소와 열 안정성 확보라 할 수 있다. 기록된 비트의 열 안정성을 유지하려면 자성체의 에너지를 열에너지에 비해 크게 해야 하는데, 자성체의 에너지는 자기이방성계수와 자성체 부피의 곱으로 표현된다. 이는 HDD 기록밀도에서 에너지 장벽이 부피와 자기결정이방성 값의 곱으로 표현되는 것과 유사하다. 고집적화에 따라 부피는 줄어들게 되므로 자기이방성계수를 크게 해야 하는데, 너무 커지면 자화를 반대 방향으로 스위칭시키는 데 많은 전류가 필요하게 된다. 따라서 엔지니어들은 자기이방성계수의 세기를 적절히 조절할 필요가 있다.

다른 이슈로는 쓰기 전류의 세기에 있다. 쓰기 전류로는 읽기 전류보다 강한 전류가 필요한데, 센 전류가 1 nm 두께의 MgO 장벽층을 계속 통과하면 MgO 층이 열화될 가능성이 있어 유의해야 한다. STT-MRAM의 모식도는 그림 3-20(a)에 표시했다. STT 원리를 이용하면 MRAM 같은 이진법 메모리뿐만 아니라, HDD 자기헤드 같은 자기장 센서, 마이크로파 진동기/감지기 등 다양한 기술로의 응용이 가능하다[40].

한편, 2011년 감바델라P. Gambardella 교수가 이끄는 스페인-프랑스 연구진

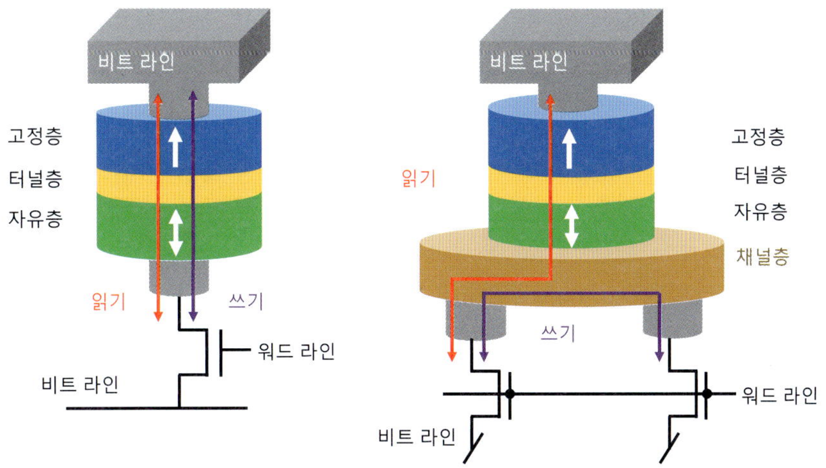

(a) STT-MRAM
전류 주입에 따라 자성층의 자화 방향을 바꿀 수 있다.

(b) SOT-MRAM
전류를 중금속 채널층에 주입하면 한 방향의 스핀들이 자성층 계면에 모이게 되고, 이들이 자성층에 스핀 토크를 발생시켜 자성층의 자화 방향을 바꿔준다.

그림 3-20 MRAM의 종류

40 N. Locatelli et al., Nature Mater. 13, 11–20 (2014)

은 네이처지[41]에, 그리고 2012년 버만R. A. Buhrman 교수가 이끄는 미국 코넬 대학 연구진은 사이언스지[42]에 주목할 만한 연구 결과를 발표했다. 감바델라 그룹은 자성층인 Co 박막 아래에 5d 중금속 전이금속인 백금(Pt, 원자번호 78) 박막이 놓인 구조에서 Pt층에 전류를 흘렸더니 자성층의 자화가 반전되는 현상을 관찰했다. 버만 그룹도 CoFeB 자성층에 중금속인 탄탈럼(Ta, 원자번호 73)층을 덧댄 구조에서 같은 내용의 실험 결과를 얻었다. 이러한 현상을 스핀-궤도 토크spin-orbit torque, SOT라고 부른다. 즉, 전류를 중금속층에 주입하면 업 스핀 전자와 다운 스핀 전자가 분리되어 한 방향의 스핀 전자들이 자성층 계면에 모이게 되고, 이들이 자성층에 스핀 토크를 발생시켜 자성층의 자화 방향을 바꿔주게 된다.

위의 양 그룹은 자세한 물리학적 스위칭의 원리에 대해 티격태격하고 있지만, 어찌 되었건 간에 스위칭이 일어난다는 사실에 주목할 필요가 있다. 즉, 기존의 자화 자유층/터널 장벽층/자화 고정층의 삼층막으로 구성된 간단한 자기 터널 접합(MTJ) 구조에 기반하여, 그림 3-20(b)처럼 자유층에 비자성 중금속층을 덧대고 중금속층에만 전류를 흘려주더라도 자유층의 자화 반전이 일어날 수 있게 된 것이다. 또한 STT와 달리 강한 전류가 MgO 장벽층으로 흐르지 않아 MgO층의 열화 문제가 없다.

이러한 이유로 세계 각국 연구자들의 주목을 받고 있으며, 지난 10년간 매우 많은 연구 결과가 발표됐다. 벨기에 IMEC 반도체연구소의 가렐로K. Garello 그룹은 2018년 IEEE Symposium on VLSI Circuits 학회에서 300 mm Si 기판상에서 β-결정 구조를 갖는 W(원자번호 73)층을 이용하여 SOT-

41 I. M. Miron et al., Nature 476, 189–193 (2011)

42 L. Liu et al., Science 336(6081), 555-558 (2012)

MRAM 구조를 제작하였고, 저에너지(350 fJ)와 초고속(280 ps)의 스위칭이 가능함을 실증했다[43]. SOT 기술에서는 어떻게 하면 적은 전류량으로 큰 토크를 얻을 수 있는가가 관건이다. 이를 위해서 새로운 중금속 소재의 발견이나, 중금속층과 자성층의 계면 제어 같은 새로운 소재 기술의 개발에 착수하고 있다.

필자(김)의 연구단도 국책사업인 미래소재디스커버리사업의 지원으로 지난 6년간 새로운 합금 중금속 소재들과 자성층을 개발하고 있으며, 국제적으로 인정받는 연구성과를 얻고 있다. 특히 학술논문뿐만 아니라 원천성이 높은 소재 관련 특허 확보에 주력하고 있는데, 이는 추후 기술이전과 실용화를 염두에 둔 것이다.

SOT-MRAM은 기존 STT-MRAM 기술의 연장선에서 쉽게 낮은 에너지와 빠른 속도로 쓰기 동작을 할 수 있어, 시스템반도체 상에서 SRAM을 충분히 대체할 가능성이 있다. 2020년 필자의 연구팀은 텅스텐(W) 기반의 SOT 박막을 활용하여 스위칭 전류를 낮추는 데 성공했다. 텅스텐을 질소에 노출해 만들어진 텅스텐 질화물을 사용하면 작동전류가 기존 소재 대비 5분의 1로 감소하는 것을 확인했다[44]. 최근에는 텅스텐(W)-바나듐(V) 합금 박막층을 고안하여, 기존 W 소재를 쓴 경우보다 40% 정도 높은 SOT 효율을 갖는 소재 구조를 개발했다. SOT 효율이 높다는 것은 그만큼 전류 소모를 낮출 수 있다는 의미이다[45]. 이 실험 결과는 이론 계산으로 도출한 W-V 합금

43 https://doi.org/10.1109/VLSIC.2018.8502269

44 Y. J. Kim et al., Acta materialia 200, 551(2020). https://www.mk.co.kr/news/it/view/2020/12/1288460/

45 G. W. Kim et al., NPG Asia Materials 13, 60 (2021). https://www.etnews.com/20210823000237

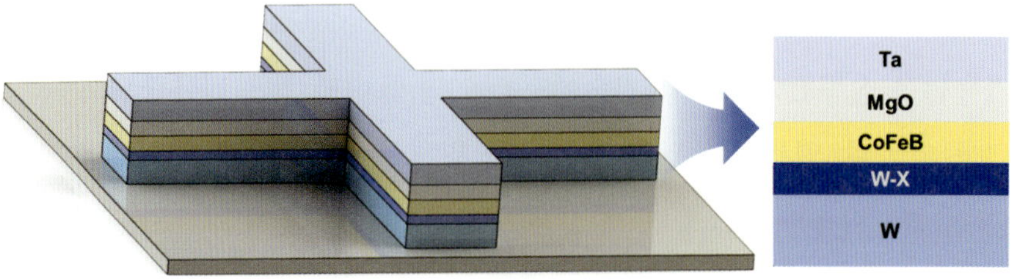

(a) 측정에 사용한 소자의 모습과 전체 박막 구조의 개략도(X = Ta 또는 V)

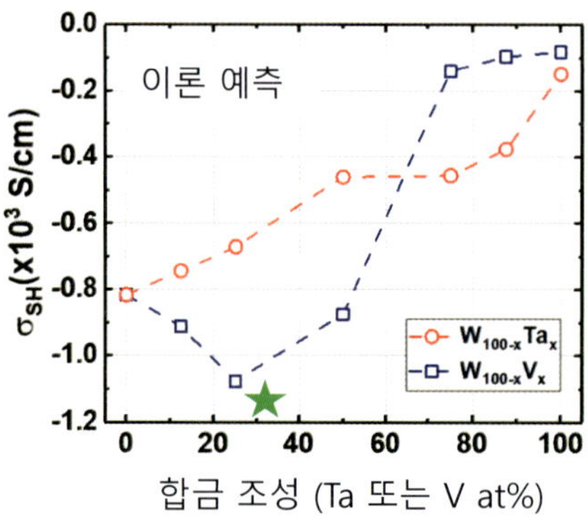

(b) 전자 밴드 계산으로 합금층 조성에 따라 도출한 토크 효율

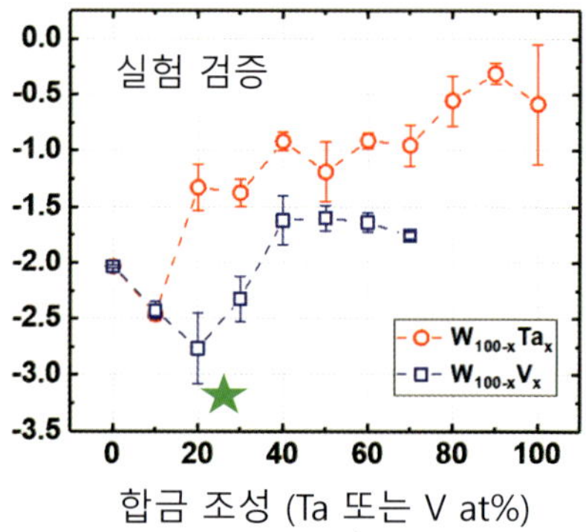

(c) 실측으로 얻은 소자의 토크 효율. 녹색 별로 표시한 W-V 합금 조성에서 가장 높은 효율을 얻었다.

그림 3-21 이론 계산과 실험을 이용해 도출한 스핀 궤도 토크 특성
출처: G. W. Kim et al., NPG Asia Materials 13. 60 (2021).

의 스핀 전도 특성값과 상당히 유사한 결과임을 역시 확인했다(그림 3-21). 또한, 산화 마그네슘(MgO) 계면층을 이용하여 전자의 스핀이 한 방향으로 정렬되지 않고 서로 틀어진 방향으로 정렬되고자 하는 경향을 새로운 물리 현상에 기인하여 이론적, 실험적으로 확인했다[46].

맺음말

정보를 잃지 않고 기록할 수 있는 특유의 특성 덕분에, 자성소재는 컴퓨터 HDD부터 집적회로 메모리인 MRAM까지 정보저장 매체의 핵심소재로 사용되고 있다. 2020년 전 세계에서 약 3천억 건의 전자메일을 주고받았다. 지난 2년간 생산한 데이터가 인류가 그동안 생산한 데이터의 90%를 차지했다. 앞으로 더 많은 양의 데이터를 저장하고 처리하기 위해서는 현재보다 더 큰 용량과 더 빠른 속도를 갖는 정보저장 매체가 필수적이다. 시장조사 기관 스태티스타Statista에 따르면[47], 2020년 한 해 전 세계에서 발생한 데이터는 64 ZB(제타바이트, Zetabyte = 1021 byte = 1조 GB)로, 2010년에 발생한 2 ZB보다 무려 32배 증가했다. 이는 미래(2025년)에 180 ZB으로 급속도로 증가할 전망이다. '암기왕' 자성소재를 이용한 정보저장 매체들은 우리의 생활을 더욱 편리하게 만들어 줄 것이다.

46 T. Kim et al., Nature Communications 12, 3280 (2021). https://www.ekn. kr/web/view.php?key=20210602010000438

47 https://www.statista.com/statistics/871513/worldwide-data-created/

정리

자기적 특성

- 외부 자기장의 변화에 따른 자화의 변화량을 자화율이라 함
- 강자성은 외부 자기장이 없어도 자발 자화되는 특성이며, 그 임계온도를 퀴리 온도라고 일컬음

자구와 자기이방성

- 자구란 자성체 내에서 자화 방향이 일정한 영역을 뜻하며, 이 영역 내에서는 모든 원자의 자기모멘트(스핀)가 서로 같은 방향으로 정렬해 있음
- 자기이방성은 자성체의 축(또는 면) 방향에 따라 자성을 띠는 정도가 달라지는 성질

자성소재 분류

- 보자력의 크기로 자성소재를 대별할 수 있으며, 연자성소재는 보자력이 매우 작고 경자성소재(또는 영구자석)은 보자력이 매우 큼
- 연자성소재는 전자기부품 등 폭넓은 분야에서 핵심소재로 사용되며, 대표적인 예로 철에 실리콘이 약 3% 들어간 전기강판이 있음
- 영구자석은 전기차 모터의 핵심소재로 사용되며, 네오디뮴-철-붕소(NdFeB) 등이 대표적이고 원료가격의 급격한 상승과 수급문제가 심각함

스핀트로닉스

- 전자의 전하뿐만 아니라 업(up)과 다운(down) 두 종류의 스핀 자유도를 구분하여 전자의 이동을 제어하는 신기술임
- 대용량 HDD와 고속 비휘발성 메모리인 MRAM의 구동소자에 응용되고 있음

4

팔방미인 탄소소재

탄소의 탄생

태초에 우주에는 수소와 헬륨이 있었다. 그래서 우주 공간에 존재하는 원소 중 75% 가까이가 수소이고 25% 정도가 헬륨이다. 빅뱅 이후에는 아주 소량의 원소들이 탄생하였는데 그중 하나가 탄소carbon이다. 탄소는 지구상에서 19번째로 많이 존재하는 원소로, 존재 비율이 약 0.025%이다. 그리 많은 원소는 아니지만, 탄소는 모든 생명의 근원이 되었으며 수백만 개의 화합물로 존재하고 있다.

탄소의 원자번호는 6번이다. 즉, 중성 원자 상태에서 6개의 전자를 포함하는데, 그중 제일 바깥에 있는 4개의 전자는 다른 탄소 원자들과 강력한 공유 결합을 할 수 있다. 탄소의 원자량은 12라고 배웠겠지만, 지구상에 존재하는 탄소 중에 98.93% 정도만이 ^{12}C이다. 나머지 1.07% 가까이는 ^{13}C이며 아주 극소량의 ^{14}C도 존재한다. 바로 탄소의 동위 원소[1]들이다. ^{14}C는 그

1 동위 원소isotope는 원자번호는 같지만 질량수가 다른 원소를 말한다. 화학적 성질은 비슷하지만 서로 다른 물리적 특성을 가진다.

양이 매우 적고 시간이 지남에 따라 줄어드는 특징이 있는데, 그 양이 초깃값에 비해 반으로 줄어드는 반감기가 약 5730년이다. 따라서 탄소 성분 중 ^{14}C의 상대적인 양을 측정하여 고대 화석의 연대기를 측정하는 방법이 바로 탄소연대 측정법이다. 이러한 탄소 시계를 고안한 공로로 윌러드 프랭크 리비Willard Frank Libby는 1960년 노벨화학상을 받게 됐다.

탄소는 유기물 분자의 핵심이며, 쌀, 휘발유, 세포 등 우리 주변에 헤아릴 수 없을 만큼 다양한 물질에 포함되어 있다. 탄소는 여러 동소체[2]를 가지고 있으며, 그 예에는 흑연, 다이아몬드, 비정질 탄소 등이 있다.

탄소 동소체들은 모두 탄소로만 이루어졌지만, 물리적 성질에서는 많은 차이를 보인다. 흑연은 불투명한 검은색이지만 다이아몬드는 매우 투명하다. 흑연은 종이에 문지르면 쉽게 부서지며 글씨를 적을 수 있을 정도로 연하지만, 다이아몬드는 천연물 중에서 가장 단단한 물질이다. 흑연은 좋은 전기전도체이지만 다이아몬드는 전기전도도가 낮다. 일반적으로 다이아몬드와 흑연은 지금까지 알려진 모든 물질 중에서 열전도율이 가장 높다.

모든 탄소 동소체들은 상온에서 고체이며, 그중 열역학적으로 가장 안정한 구조가 흑연이다. 그래서 다이아몬드보다 흑연을 녹이기가 어렵다. 흑연의 녹는점은 3,675℃로 다이아몬드보다 125℃나 높다. 또한 반응성이 큰 산소와 반응할 때조차도 높은 온도가 필요할 정도로 화학적으로 쉽게 반응하지 않는다. 자연에서 안정적인 탄소의 결정 구조인 흑연은 6개의 탄소 원자가 육각형으로 배열된 구조이다. 6각형 탄소 원자로 이루어진 결정면에서 탄소 원자 간의 거리는 0.14 nm이지만, 결정면과 또 다른 결정면 사이의 거

2 동소체allotrope는 같은 원소로 이루어졌으나 다른 방식으로 결합하여 성질이 다른 물질을 의미한다.

리는 0.67 nm로 상당히 멀다. 즉, 면내 원자 결합은 강하며 전기가 흐르기 쉬운 것에 비해 면과 면 사이의 결합력은 상대적으로 작아 의외로 간단히 떨어지고 만다. 이러한 성질 때문에 흑연 분말은 윤활제로 사용됐다. 흑연은 열에 가장 강한 물질이다. 섭씨 2,000℃로 가열해도 강도가 거의 저하되지 않는데, 산소가 있는 분위기에서는 700℃부터 타기 시작하기 때문에 진공이나 비산화 분위기에서 고강도 재료로 사용하기에 좋다. 흑연은 철강 제조 시 전기정련용 전극으로도 사용되지만, 핵융합로의 내벽에도 사용할 수 있다.

초고압 조건에서 안정한 탄소의 상은 다이아몬드 상이다. 다이아몬드에서 각 탄소 원자들은 사면체 결합을 하고 있으며, 흑연보다 밀도가 두 배가량 크다. 매우 강한 공유 결합을 하고 있어, 자연물 중에서는 경도가 가장 높은 물질이다. 놀랍게도 다이아몬드는 상온 상압 조건에서 열역학적으로 불안정하여 흑연으로 변화하려고 한다. 그러나 활성화 에너지[3]가 매우 높

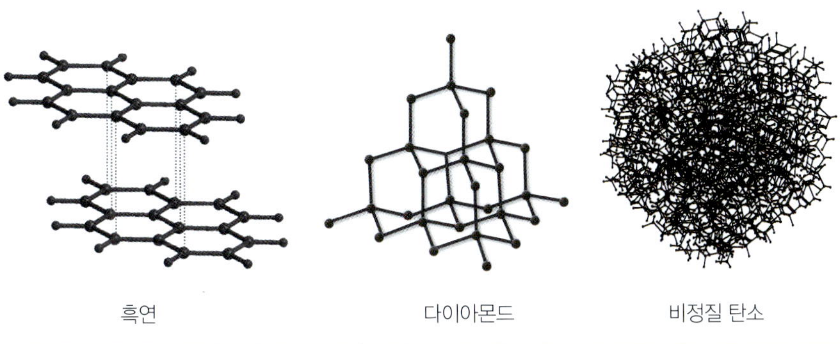

그림 4-1 자연계의 탄소 동소체

3 활성화 에너지activation energy는 화학 반응이 일어나기 위해 넘어야 할 에너지 장벽으로, 화학 반응을 일으키기 위한 최소한의 에너지를 의미한다.

아서 이러한 변화는 매우 느리다. 하지만 이는 보통의 조건에서만 보장된다. 1772년에 프랑스의 화학자 앙투안 라부아지에Antoine-Laurent de Lavoisier는 다이아몬드를 유리그릇에 넣고 햇빛의 초점을 다이아몬드에 맞추어 다이아몬드를 태워 사라지게 했다. 바로 기체인 이산화탄소가 되어 공기 중으로 날아가 버린 것이었다.

우연히 발견한 특별한 탄소 구조

풀러렌Fullerene

풀러렌은 합성 결정체로 흑연과 비슷한 구조를 하고 있지만, 육각형 고리로만 구성된 흑연과는 달리 오각형 또는 칠각형 고리를 추가로 가지고 있다. 풀러렌의 특성은 아직 완전히 밝혀지지 않았지만 나노 물질 분야에서 활발히 연구되고 있다. 12개의 정오각형과 20개의 정육각형이 서로 붙

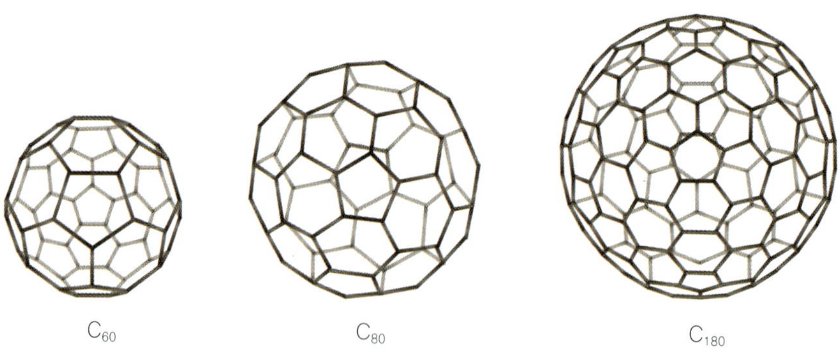

그림 4-2 다양한 풀러렌 구조의 일부 사례

은 축구공과 비슷한 모양을 한 C_{60} 외에도 C_{70}, C_{96} 등의 여러 가지 구조가 발견됐다. 여기서 아래 첨자는 탄소 원자의 개수를 의미한다. 이러한 구조를 통틀어 풀러렌이라고 부른다. 1985년에 C_{60}를 발견한 로버크 컬Robert Floyd Curl, 리차드 스몰리Richard Erreyy Smalley, 해럴드 크로토Harold Walter Kroto는 1996년에 노벨화학상을 받는다. 풀러렌은 안정된 구조라서 높은 열과 압력을 견딜 수 있다. 빛을 흡수하여 활성 산소를 만드는 성질도 있다고 알려졌지만, 아직 이렇다 할 응용 분야를 찾지는 못하고 있다. 반도체 소자나 태양전지에 응용할 가능성이 있다고 하니 기대해 보자.

탄소나노튜브Carbon Nano Tube: CNT

C_{60}를 합성할 때 생기는 탄소의 찌꺼기를 전자현미경으로 관찰하다가 탄소나노튜브를 발견하게 됐다. 탄소나노튜브는 탄소 원자가 튜브 모양으로 이어진 구조의 물질이며, 그 지름은 수 nm정도[4]인 나노소재이다. 1991년 일본 NEC 기초연구소의 스미오 이지마Sumio Iijima 박사는 탄소나노튜브가 여러 개 겹쳐져 있는 다중벽 탄소나노튜브Multi-Wall Carbon Nano Tube, MWCNT, 그리고 속에 아무것도 들어가 있지 않은 단일벽 탄소나노튜브Single-Wall Carbon Nano Tube, SWCNT도 발견했다.

탄소나노튜브는 모양도 독특하지만 특성도 신기하다. 나노튜브의 지름, 탄소 원자의 배열방식에 의해 금속의 특성을 보이기도, 반도체의 특성을 보이기도 한다. 같은 원소로 이루어져 있지만 이렇게 배열에 따라 전기적

4 나노미터(nm)는 10억분의 1미터(10^{-9} m)를 의미하는 길이 단위로 원자 레벨의 크기를 설명할 때 자주 사용된다. 원자의 크기는 약 10^{-10} m, 즉 0.1 nm 혹은 1 옹스트롬(angstrom: Å) 이다.

특성이 달라지는 현상은 다른 물질에서는 보기 드문 현상이다. 이러한 전기적인 성질을 이용해 실리콘 대신에 탄소나노튜브를 이용한 트랜지스터가 연구되고 있다.

전기적인 특성뿐만 아니라 기계적인 특성은 탄소나노튜브가 상업적으로 이용되는 데 큰 역할을 했다. 동일한 무게로 비교했을 때 탄소나노튜브는 강(스틸)의 8배나 되는 인장강도를 가진다. 게다가 탄성도 뛰어나다. 이러한 성질 때문에 탄소나노튜브를 수지, 금속, 세라믹에 섞어 넣으면 강도가 높은 복합재료를 만들어 낼 수 있다.

그림 4-3 육각형(벌집 모양)의 배열 방향에 따른 CNT의 구분. 암체어는 도체, 대부분의 지그재그 및 모든 나선형은 반도체의 전기적 특성을 보인다.

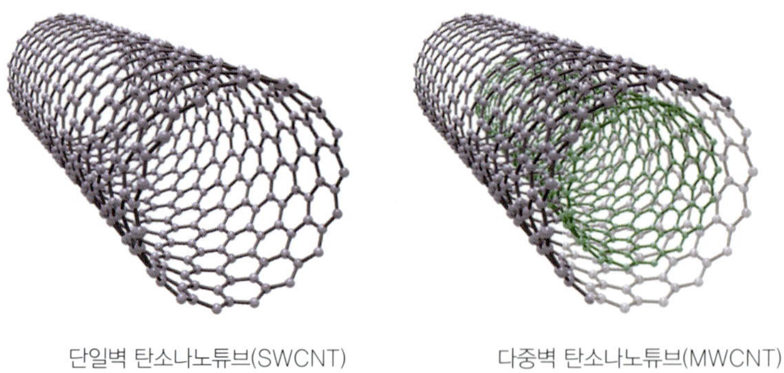

그림 4-4 흑연 면의 결합수에 따른 탄소나노튜브의 구분

아직은 탄소나노튜브의 높은 가격이 상용화에 걸림돌이 되고 있다. 2000년대 중반까지만 해도 1 kg당 수천 달러에 이르는 높은 제조비용이 필요했기 때문에 일반적인 소비재에 적용하기에는 어려웠다. 그러나 계속된 연구개발을 통해 쉽고 싸게 만들 수 있는 제조공정이 개발되면서 제조비용은 1 kg당 수백 달러 수준까지 낮아졌다. 향후 가격을 더 낮출 수 있는 기술이 개발된다면, 앞으로 우리 생활에 탄소나노튜브가 더 많이 활용될 수 있을 것으로 기대한다.

그래핀Graphene

그래핀은 육각형으로 결합된 탄소 원자가 평면 형태로 배열된 단원자층의 2차원 구조를 의미한다. 연필심에 사용되는 흑연에 접착테이프를 붙였다 떼었다 하는 과정에서 흑연 결정체의 탄소 원자 한 층(두께는 0.2 nm)을 분리하는 데 성공하였고 이를 그래핀이라 이름을 붙였다.

어쩌면 이렇게 탄소 원자 단일층으로 분리할 수 있다는 것은 이미 흑연의 구조에서 예견할 수 있었을지도 모른다. 그러나 강(스틸) 대비 100배 이상의 강도와 동시에 신축성도 있고, 구리에 비해 열전도도는 10배 이상 그리고 전기전도도는 유사하다는 그래핀의 특성은 놀라운 것이었다. 이 발견의 공로로 안드레 가임Andre Konstantin Geim과 콘스탄틴 노보셀로프Konstantin Sergeevich Novoselov는 2010년에 노벨물리학상을 받았다.

현재는 그래핀의 뛰어난 신축성과 전기특성을 이용해 구부리거나 접을 수 있는 터치스크린, 실리콘 반도체를 대신할 차세대 반도체 소자, 태양전지 등에 활용하기 위한 연구가 활발히 진행되고 있다. 일반적인 탄소 화합물과는 달리 그래핀이 전도성을 가질 수 있는 이유는 무엇일까? 앞서 언

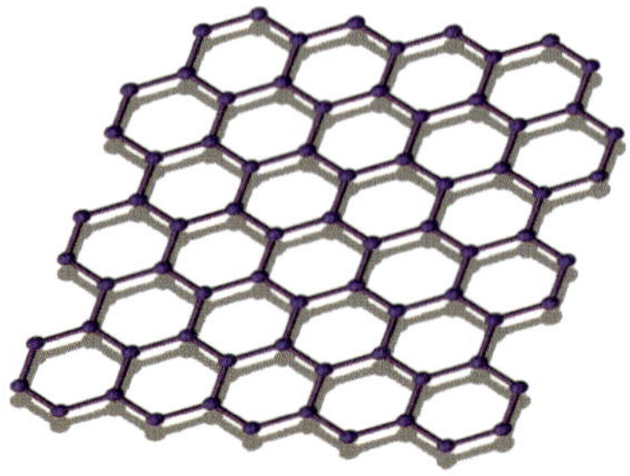

그림 4-5 그래핀의 결정 구조

급했듯이 그래핀을 구성하는 탄소 원자는 최외각에 4개를 결합에 활용한다. 그중 3개는 다른 탄소 원자 세 개와의 결합에 이용되지만, 나머지 한 개의 전자는 그래핀 속을 자유롭게 이동할 수 있다. 즉, 자유롭게 움직이는 전자에 의해 전도성을 띠게 되는 것이다. 투명하면서 전기를 통하는 두 가지 특성은 일반적으로는 양립할 수 없는 성질이다. 그러나 그래핀은 원자층 1층의 두께를 가지고 있어서 빛을 대부분 투과시키는 특성(가시광 투과도 97.7%)을 전도성과 동시에 보일 수 있다.

그래핀으로 필터를 만들면 바닷물을 간단히 마실 수 있는 물로 바꿀 수 있다. 물 분자는 그래핀을 통과하지만, 소금은 통과하지 못하기 때문이다. 그러나 그래핀 역시 비용이 큰 걸림돌이다. 현재는 넓은 면적의 그래핀을 대량생산하는 개발이 진행되고 있으나, 결함이 없는 그래핀의 양산까지는 험난한 길이 놓여 있다.

플라스틱도 탄소가 주인공

플라스틱은 큰돈이 걸린 하나의 광고 때문에 개발됐다고 한다. 19세기에 미국에서는 당구가 상류층의 오락으로 유행했는데, 당시 당구공의 소재는 코끼리의 상아였고 상아 1개로 만들 수 있는 당구공은 고작 6개뿐이었다고 한다. 당구공을 만들기 위해 무차별적인 코끼리 사냥이 이어졌고, 상아의 가격은 희소성이 더해져 하루가 다르게 치솟았다. 1863년 미국 당구공 제조 협회는 뉴욕타임스에 거액의 상금을 건 광고를 게시하였는데, 상아를 대체할 당구공 소재를 찾는 사람에게 1만 달러를 상금으로 주겠다는 내용이었다. 이 광고를 본 인쇄공 존 하이엇John Wesley Hyatt은 수많은 실패 끝에 인류 최초의 플라스틱을 만들어 내게 된 것이다.

우리가 흔히 말하는 플라스틱은 고분자(폴리머)가 주성분이다. 어떠한 형태로든 성형할 수 있으며 가볍고 튼튼하며 적은 비용으로 대량생산할 수 있다. 또한, 투명하게도 할 수 있고, 색을 입히기도 쉽다.

그림 4-6 코끼리 상아를 대체할 당구공 소재를 개발한 존 웨슬리 하이엇

일상생활에서 많이 사용되는 플라스틱 제품들은 뼈대가 되는 고분자 물질과 함께 여러 가지 첨가제들로 구성된다. 용도별로 그 종류들을 살펴보면, 필름, 코팅제, 섬유, 접착제 등으로 구분할 수 있고, 학문적으로는 고분자 소재의 화학적 구조와 각 성분의 조성에 따라 구분한다.

고분자의 영어 표현을 분석해보면 그 의미는 더욱 이해하기가 쉽다. 폴리머polymer의 'poly'는 '많다'는 뜻이고 'mer'는 '하나의 분자 요소'를 의미한다. 따라서, 그 의미를 합성하면 고분자는 동일한 분자 요소들을 반복적으로 매우 많이 연결하여 만든 하나의 거대분자라는 의미가 된다.

고분자 소재의 물리 · 화학적 성질은 고분자의 구조에 의하여 결정된다. 고분자에 속하는 많은 분자는 기본적으로 탄소 원자의 골격 위에 수소나 다른 원소들이 붙어있는 구조로 되어 있다. 고분자들은 일반적으로 구조, 물성, 용도에 따라서 분류될 수 있으며, 대개는 열가소성thermoplastic 고분자, 열경화성thermoset 고분자, 탄성 고분자elastomer로 분류된다.

열가소성 고분자는 신축성 있는 선형 분자 사슬로 구성되어 있고, 국수나 실이 서로 엉켜있는 구조의 고분자를 말한다. 이런 구조의 고분자들은 열을 가하였을 때, 엉킨 실타래가 풀리면서 쉽게 변형할 수 있기 때문에 열가소성이라고 한다.

이와는 반대로 열경화성 고분자들은 열을 가하였을 때, 오히려 딱딱해지는 고분자들을 말한다. 이 고분자들은 3차원 그물 구조여서, 높은 온도에서 분자 운동이 활발해질수록 더욱 견고하게 구조를 유지한다.

탄성 고분자들은 선형의 고분자 사슬들이 열경화성 고분자들에 비해서는 약하게 가교cross-linking된 고분자들을 말한다. 폴리에틸렌과 같은 선형 고분자에서 개개의 고분자 사슬들은 약한 반데르발스 결합으로 연결되어

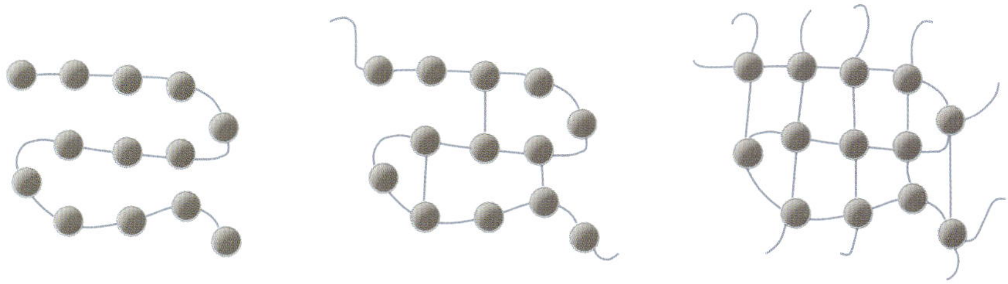

그림 4-7 왼쪽부터 열가소성 고분자, 탄성 고분자, 열경화성 고분자

있다. 이 고분자에 힘을 가하면 이 결합은 쉽게 끊어지고 사슬이 풀리면서 고분자는 변형된다. 반면에 탄성 고분자의 경우에는 고분자 사슬들이 몇 개의 강한 공유 결합들로 서로 연결되어 있기 때문에 변형을 방지할 수 있다. 탄성 고분자에 힘을 가하였을 때, 엉킨 고분자 사슬이 풀리면서 스프링과 같이 변형하지만, 힘을 가하지 않으면 곧 원상으로 회복되는 성질이 있다. 비록 개개의 분자들이 원래 위치와 완전히 똑같이 되돌아가지는 못하지만, 고분자의 평균 길이는 힘을 가하기 전과 같다.

폴리에틸렌polyethylene은 일상 생활용품에 정말로 많이 사용되는 소재이다. 즉, 세계에서 가장 인기 있는 플라스틱이라고 할 수 있다. 비닐봉지, 샴푸 병, 장난감, 방탄조끼 등 안 쓰이는 곳이 거의 없을 정도로 다양한 용도를 갖고 있지만, 그 구조는 매우 단순하다. 아마도 모든 고분자 중에서 가장 단순한 구조일 것이다. 단지 탄소의 긴 사슬에 각 탄소당 2개씩 수소가 붙어 있는 구조이기 때문이다.

저밀도 폴리에틸렌은 대개 20만에서 50만 정도의 분자량[5]을 갖고 있다.

5 분자량molecular weight은 분자의 질량을 의미하며, 하나의 분자를 이루는 원자들의 수가 많을수록 분자량은 증가한다.

300만~600만 정도의 분자량을 갖고 있는 폴리에틸렌은 초고분자량 폴리에틸렌이라고 하며, 방탄조끼용 케블라와 같은 강한 섬유를 만드는 데 사용한다.

폴리바이닐클로라이드polyvinylchloride은 철물점 등에서 PVC로 널리 알려져 있다. PVC는 주로 파이프를 만드는 데 많이 사용되어 주변에서 쉽게 발견할 수 있다. PVC는 특히 상극인 불과 물에 대한 저항성이 모두 매우 좋아 더욱 유용하게 사용된다. PVC는 방수 능력으로 인하여 비옷 등에 많이 사용되며, 염소를 함유하고 있어서 불을 붙였을 때 방출된 염소 기체가 연소를 방해하여 잘 타지 않는 성질도 갖고 있다. 구조적으로 PVC는 대표적인 바이닐 폴리머이며, 탄소 하나 걸러서 염소가 붙어있는 구조로 탄소 사슬이 구성된다.

폴리메틸메타아크릴레이트는 약어로 PMMA라고 부르며, 유리의 단점인 잘 깨지는 성질을 보완할 수 있는 투명한 플라스틱이다. 아이스하키장에서 하키 퍽이 관중석으로 날아오는 것을 막아주는 투명한 창이 바로 PMMA로 만든 것이다. PMMA는 커다란 수족관의 투명한 창을 만드는 데도 꼭 필요한 소재이다. 이외에도 다양한 고분자 소재는 일상생활에서 그리고 공업적인 용도로 없어서는 안 되는 소재로 자리 잡고 있다.

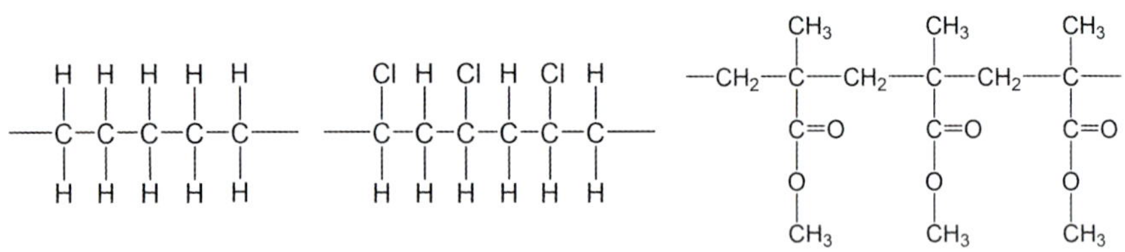

(a) (b) (c)

그림 4-8 폴리에틸렌(a), 폴리바이닐클로라이드(b), 폴리메틸메타아크릴레이트(c)의 분자구조

탄소로 꿈꾸는 새로운 발명품

인공근육

탄소나노튜브를 나선형으로 꼬아 용수철 같은 실을 만들 수 있다. 이런 식으로 회전형 인공근육을 만들면 수축/이완뿐만 아니라 회전운동도 가능하다. 회전 인공근육은 전기화학적 에너지를 운동에너지로 전환하여 구동된다. 섬유에 이온을 전달하면 소재가 수축하면서 근육이 수축하듯 힘을 낸다.

이온 교환 수지를 실 표면에 덧칠하여 더 강력한 힘을 내는 인공근육도 개발됐다. 이렇게 만든 인공근육은 1 g당 8.2 와트(W)의 힘을 내며, 이는 같은 중량의 인간 근육보다 서른 배나 센 힘이다.

로봇의 두뇌에 해당하는 AI가 빠르게 발달하면서 로봇 시대도 성큼 현실로 다가왔다. 로봇의 움직임을 모터가 아닌 인공근육으로 대신할 수 있다면 사람과 비슷한 움직임을 자연스럽게 구현할 수 있을 것이다. 사람의 근육 효율의 5분의 1에 머물고 있는 에너지 효율의 개선은 남아있는 커다란 숙제이다. 근육의 감지 능력을 결합하면 상용화 가능성이 커질 것으로 보인다. 인공근육이 늘어났다가 줄어드는 과정에서 전기를 생산할 수 있어서, 물리적 반응에 따라 감지하는 센서나 에너지 수집에도 활용될 수 있을 것으로 기대된다.

전자파 차폐 소재

모든 전자기기를 무력화시키는 EMPelectromagnetic pulse 폭탄은 영화에서만 볼 수 있는 게 아니며, 실제로도 전략 무기로 사용하고 있다. 폭발을 통해 전자기 펄스가 강하게 발생하면 전자기기에 간섭을 일으켜 동작의 오류를 일으킨다. 이러한 현상은 우리가 생활하는 여러 곳에서도 의도치 않게 발생한다.

한 가지 예로 2009년 6월 미국 워싱턴 DC의 포트 토튼Fort Totten역 근처에서 발생한 기차 추돌 사고가 있다. 이로 인해 약 60여 명의 사상자가 발생했고 약 1200만 달러(약 120억 원)의 재산 피해가 발생했다. 국가교통안전위원회의 조사 결과 자동차량 제어시스템의 선로 감시 회로가 전자파 간섭으로 오작동한 것이 밝혀졌다. 이후 눈에 보이지 않는 전자파가 일으키는 문제의 심각성에 대한 제도가 마련되었고 전자파를 차폐하는 방법이 개발됐다.

대표적인 기술은 전자파를 흡수하는 방법이다. 전자파가 전도체에 도달

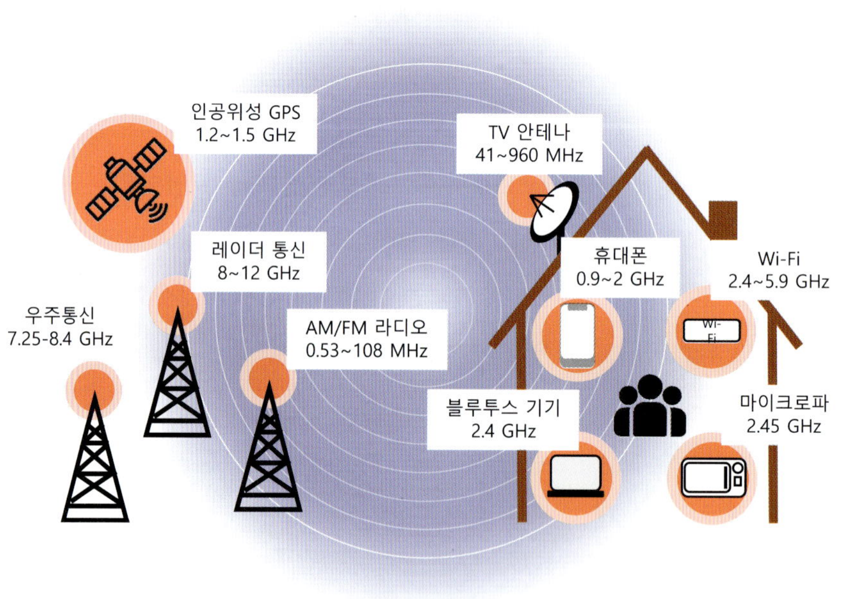

그림 4-9 우리 생활 주변의 전자파

하면 전도체 내부의 자유전자가 전자파의 영향으로 이동하면서 미세전류가 발생한다. 전류가 흐르면 자체 저항에 의해 열이 발생한다. 이렇게 전자파의 에너지를 열로 전환하여 없애는 방법이 전자파의 흡수 메커니즘이다.

이 원리를 이용해 도전성 금속을 코팅하여 전자파를 차폐하는 방법이 기존에 사용되었는데, 코팅 후 무게가 무거워지고 두께도 두꺼워지는 등의 문제가 있었다. 따라서 금속을 코팅하는 방법은 소형화 및 경량화를 추구하는 휴대폰, 컴퓨터, 자동차와 같은 전자기기에 적합하지 않았다. 이러한 문제를 해결하기 위해 새로운 차폐 소재의 개발이 중요해졌고, 활용 목적에 따라 다양한 연구가 진행되어왔다. 전기전도성 고분자인 폴리아닐린과 단일벽 탄소나노튜브(SWCNT)를 이용한 고전도성 고분자 나노복합재료가 대표적인 사례이다.

바이오 플라스틱

플라스틱은 열이나 압력을 가해 원하는 모양을 만들 수 있고 튼튼하고 가벼우며 마음대로 색깔을 입힐 수 있다. 그래서 플라스틱은 오래전부터 일상 생활용품에서부터 전자제품, 자동차에까지 광범위하게 사용되고 있다. 하지만, 현재 플라스틱은 인류에게 재앙을 예고하는 주인공이 되고 말았다. 만드는 데 5초, 사용하는 데 5분, 분해되는 데 500년이 걸린다는 플라스틱의 사용량이 코로나 19 사태 이후 폭증했기 때문이다. 이는 마스크를 비롯해 비닐장갑, 의료용 페이스 가드, 택배용 포장재, 배달용 식기 등 바이러스 감염을 막기 위해 일회용품 사용을 늘리다 보니 일어난 현상이다. 이미 생산된 전체 플라스틱의 75% 이상이 폐기되어 환경에 방치되면서, 작은 조각으로 쪼개진 미세 플라스틱이 생태계 곳곳을 떠돌며 미세먼지, 마실 것, 먹을 것을 통해서 인간에게 돌아오고 있다.

바이오 플라스틱bioplastic은 화석연료로 생산되는 전통적인 플라스틱 소재를 보완하거나 대체하기 위한 친환경 플라스틱 원료와 제품을 말한다. 생분해성 플라스틱bio-degradable plastic과 바이오매스 기반 플라스틱bio-mass based plastic으로 크게 구분할 수 있다.

생분해성 플라스틱은 폐기 후 일정한 조건에서 미생물 등의 작용으로 1년 이내에 물과 이산화탄소, 메테인(CH_4, 메탄) 또는 기타 바이오매스로 완전히 분해되는 플라스틱을 말한다. 일반 플라스틱이 썩기까지 500년 이상 소요되는 것과 비교하면 엄청난 차이이다.

한편, 바이오매스 기반 플라스틱은 사탕수수, 옥수수, 나무, 볏짚 등 식물 유래 원료를 일정량 이상 포함하여 만든 플라스틱이다. 바이오매스 기반 플라스틱은 생분해성 플라스틱과 다르게 아주 빨리 분해되지는 않는다. 그러나 식물 유래 자원을 상당 부분 사용했기 때문에, 기존의 석유계 플라스틱 공정과 비교하면 이산화탄소 발생량이 상대적으로 적다는 점에서 친환경적이다.

소재의 재활용

인류가 활용하고 있는 자원(소재, 에너지, 환경)은 전부 지구로부터 나와서 지구로 돌아간다. 소재의 순환과정은 (1) 지구에서 원료를 추출하고 이를 정제하여 (2) 모재(금속, 시멘트, 고무, 정유 등)를 확보한 후 공정, 합성의 과정을 거쳐 (3) 엔지니어링 소재를 확보한다. 이렇게 확보한 소재에는 합금,

세라믹 분말, 유리, 플라스틱, 반도체 등이 있다. 엔지니어링 소재들은 고도의 설계, 가공, 표면처리 과정을 거쳐 소비자가 원하는 (4) 최종제품(부품, 기구, 장치 등)이 된다. 이러한 제품들을 농수산, 건설, 환경, 국방, 정보통신, 수송, 에너지, 보건의료 등과 같은 다양한 분야에 활용된다. 수명이 다하거나 활용도가 떨어진 소재는 (5) 폐기 처리된다. 폐기물은 매립 또는 소각의 과정으로 지구로 돌아가 순환과정을 종료하거나, 재사용reuse/재활용recycling의 형태로 (1)과 (3) 중간의 처리 과정에 다시 편입된다. 그림 4-10은 이러한 소재의 순환과정을 보여준다. 자연자원의 보존, 원료채취 과정에서의 생태학적 문제 제거, 에너지 소비 저감, 폐기에 따른 문제 회피를 위해서는 소재의 재활용은 경제적인 이득보다도 더 우선해야 할 것이다.

제품의 생산 · 소비 · 폐기의 전 과정에서 환경오염을 줄이고 자연자원과 유해물질의 사용을 최소화하며 환경성이 우수한 제품을 친환경 제품이라고 한다. 그러나 문제는 친환경 제품의 초기 제조비용(회수, 선별비용 포함)이 상대적으로 높다는 점이다. 이런 딜레마를 극복하려면 기업, 정부, 그리고

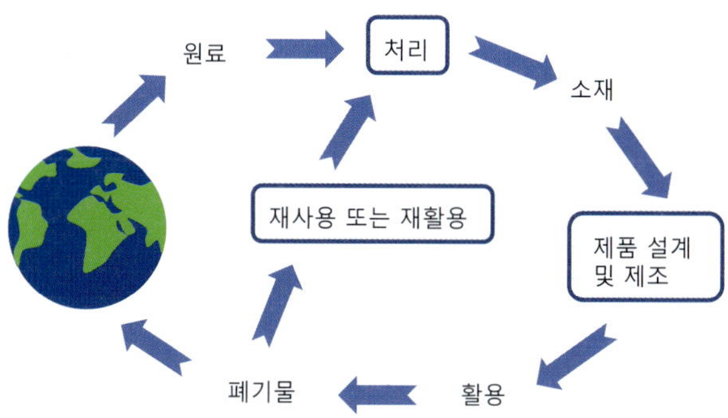

그림 4-10 소재의 순환과정

일반 소비자까지 적극적으로 나서야 한다. 기업에서는 제품의 생산부터 폐기에 이르는 수명주기 각각에 대해 입력 인자(에너지, 소재)와 출력 인자(생산제품, 폐수, 대기 방출, 고형폐기물, 기타)를 정밀하게 분석 · 평가하여 제품생산에 '친환경 설계'를 도입할 필요가 있다. 소비자는 되도록 친환경 제품을 구입하여 기업의 의욕을 고취해야 한다. 재활용하면 제품 가격도 저렴해질 수 있을뿐더러, 장기적으로는 다음 세대가 지구에서 살아갈 수 있는 환경을 물려줄 수 있다는 점을 인식해야 한다.

소재를 설계할 때 엔지니어는 항상 성능performance과 경제성economics을 염두에 둔다. 성능이란 수요자의 제품에 대한 기대치이지만, 경제성은 제공자의 이윤과 관련된 문제로 제품생산에 필요한 재료비와 제조단가, 판매가 사이의 균형에 의해 결정된다. 하지만 최근 들어 수질오염, 대기오염 등의 생태적 문제나, 에너지 절약 같은 환경적인 문제들이 대두됨에 따라 폐기비용까지도 고려하게 됐다.

환경적인 관점에서 이상적인 소재란 재활용할 수 있거나 완전히 분해될 수 있는 소재를 말한다. 폐기에 따른 자연분해에는 화학적인 반응, 미생물에 의한 분해, 산화, 열분해, 광분해 등의 과정이 있다.

대부분의 금속, 합금재료는 부식되어 분해된다(수은, 카드뮴, 납 등은 예외이다). 통상 플라스틱으로 불리는 고분자 재료는 화학적, 생물학적으로 안정하며 가볍다는 장점이 있어 많은 산업, 생활제품에 활용되고 있으나, 폐기 시 자연적으로 분해되지 않아 골칫거리이다. 시중에 유통되는 플라스틱 음료수병의 대부분을 차지하는 페트병의 소재인 폴리에틸렌 테레프탈레이트polyethylene terephthalate: PET, 화장품 용기, 전자레인지 식기의 소재인 폴리프로필렌polypropylene: PP 등은 재활용할 수 있지만, 일반인들이 구분하기 어

표 4-1 분리배출 표시법

구분		표시 도안	포장재 예시
합성수지 재질	페트	페트	
	플라스틱	플라스틱 HDPE, 플라스틱 LDPE, 플라스틱 PP, 플라스틱 PS, 플라스틱 PVC, 플라스틱 OTHER	
	비닐류	비닐류 HDPE, 비닐류 LDPE, 비닐류 PP, 비닐류 PS, 비닐류 PVC, 비닐류 OTHER	
캔류		캔류 철, 캔류 알미늄	
종이팩		종이팩	
유리		유리	
종이		종이	

출처: 한국환경공단

려워 선별하여 배출하기가 어렵다. 표 4-1은 2020년 9월부터 변경된 환경부 분리배출 표시법이다. 재활용 표시가 된 포장재나 플라스틱병 등을 제대로 분리하여 배출하고, 이물질(음식물 등)이 포함되지 않게 약간의 노력이 필요하다. 재활용 가능한 제품을 무심코 폐기물로 버리고 있지는 않은지 다시 한번 살펴보자.

탄소는 지구를 지켜주는가? 아니면 파괴하는가?

탄소는 수백만 가지의 화합물 상태로 우리 주변에 존재한다. 그리고 모든 생명에 에너지를 준다. 탄소가 없는 생명체는 존재하지 않으며 이산화탄소는 모든 생명의 시작 물질이기도 하다. 대기 중에 있는 이산화탄소는 광합성에 의해 식물에 흡수된다. 식물성 플랑크톤도 광합성을 하면서 이산화탄소를 먹어 없앤다. 동물의 호흡을 통해 이산화탄소가 배출되기도 하지만, 동식물이 죽은 후 오랜 시간이 지나서 형성된 화석연료를 태울 때도 이산화탄소가 발생한다. 그러나 산업이 발전하면서 화석연료의 사용이 기하급수적으로 늘어나고, 그 결과 대기 중에 너무 많은 이산화탄소가 존재하게 되면서 지구온난화 문제가 발생하기 시작했다.

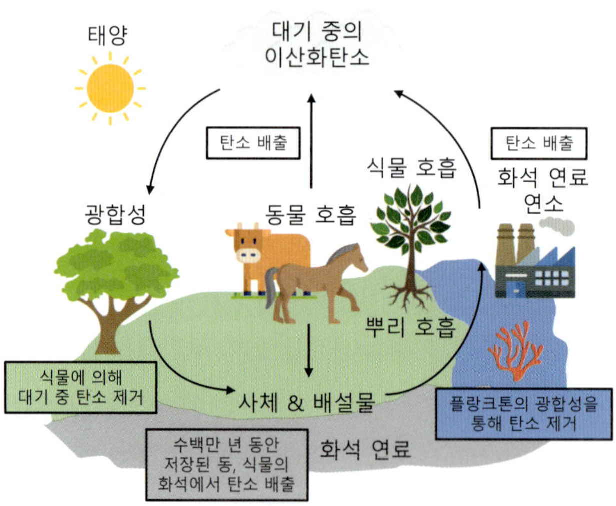

그림 4-11 이산화탄소의 순환

이산화탄소(CO_2)는 지구의 지표면에서 우주로 발산하는 적외선 복사열을 흡수 또는 반사하여 지구 표면의 온도를 상승시키는 역할을 하는 대표적인 온실가스이며, 이외에는 메테인(CH_4), 오존(O_3) 등이 있다. 산업화로 인해 화석연료의 과도한 사용이 촉발되었고, 이를 통해 발생한 인위적인 이산화탄소의 배출은 1970년과 비교하여 2004년에 80%나 증가했다. 다른 온실가스보다 이산화탄소가 온실효과에 미치는 영향이 큰 이유는 이 기체가 대기 중에서 열에너지를 저장하는 능력이 뛰어나서는 아니다. 이산화탄소는 같은 농도의 메테인과 비교했을 때 약 20분의 1 정도로 온실효과에 미치는 영향이 약하지만, 다른 온실기체에 비해 대기의 성분 중에 차지하는 절대량이 많다는 것이 문제이다. 즉, 현재 인간에 의해서 발생한 온실기체 중의 대부분이 이산화탄소라는 이야기이다.

지구 온난화로 폭염, 폭설, 태풍, 산불 등 이상기후 현상이 세계 곳곳에서 나타나고 있다. 높은 화석연료 비중과 제조업 중심의 산업구조를 가진 우리나라도 최근 30년 사이에 평균 온도가 1.4℃ 상승하며 온난화 경향이 더욱 심해졌다. 국제사회도 기후변화 문제의 심각성을 인식하고 이를 해결하기 위해 선진국에 의무를 부여하는 '교토의정서'를 1997년에 채택한 바 있으며, 2015년에는 선진국과 개도국이 모두 참여하는 '파리협정'을 채택한 뒤 국제사회의 적극적인 노력으로 2016년 11월 4일 협정이 발효됐다.

우리나라 역시 2016년 11월 3일에 파리협정을 비준했다. 기업이나 정부의 온실기체 감축 노력을 활성화하려는 목적으로 온실가스를 배출할 수 있는 권리를 사고팔 수 있는 '(이산화)탄소 배출권 거래제도'가 만들어지기도 하였는데, 이렇게 이름이 붙여진 이유는 온실기체 중 가장 많은 양을 차지하는 것이 이산화탄소이기 때문이다. 각 국가에는 할당량이 정해지는데 이

그림 4-12 탄소 중립을 위한 국가 전략

보다 적은 양의 온실기체를 배출하면 여분에 해당하는 금액을 받고 다른 국가에 배출권을 팔 수 있고, 반대로 할당량을 초과하는 국가는 배출권을 사게 되는 것이다. 현재 배출권 거래는 주로 기업 간에 이루어지고 있다.

최근에는 인간의 활동에 의한 온실가스 배출을 최대한 줄이고, 남은 온실가스는 흡수하거나 제거해서 실질적인 배출량이 영(0, zero)이 되도록 하자는 '(이산화)탄소 중립'이 추진되고 있다. 즉, 배출되는 이산화탄소와 흡수되는 이산화탄소량을 같게 해 이산화탄소의 순배출이 0이 되게 하는 것으로, 탄소 중립을 '넷제로Net-Zero'라고 하기도 한다. 이렇게 포집된 이산화탄소는 화학적 변환 과정을 거쳐 화학제품의 원료나 플라스틱 분말, 바이오연료, 의약품 제조 등에 사용될 수 있다.

모든 생명이 다하면 탄소로 되돌아간다. 그렇게 되돌아간 탄소는 인위적으로뿐만 아니라 자연적으로도 새로운 에너지원이 되어 생명 유지에 도움을 준다. 참으로 신비한 소재가 아닐 수 없다.

맺음말

탄소는 모든 생명의 근원이 되는 원소이며 따라서 우리 일상생활에서 자주 마주치는 원소이기도 하다. 산소와 만나서 온실가스의 주범으로 몰리기도 하지만 이렇게 만들어진 이산화탄소를 포집하여 처리하면 새로운 탄소소재를 만드는 원료로 전환할 수 있다. 쉬운 가공성과 다양한 특성 덕분에 플라스틱이라는 소재는 일상생활에서 가장 흔하게 사용되고 있다. 가장 값싸게 여기저기에 활용할 수 있는 소재라면 당연히 플라스틱이 1등일 것이다.

이렇게 많이 사용하다 보니 플라스틱 폐기물의 환경오염 문제가 대두되었고, 바이오 플라스틱이라는 소재가 한창 개발 중이다.

비교적 최근에 발견된 순수한 탄소 간의 결합으로 이루어진 탄소소재는 많은 주목을 받고 있고 이러한 새로운 탄소소재의 발견으로 노벨상을 받은 과학자들도 많이 있다. 그러나 과학적으로는 신기한 구조와 특성을 나타내는 새로운 탄소 동소체(풀러렌, 탄소나노튜브, 그래핀)들이 발표되었지만, 산업적으로 응용된 사례는 기대보다는 적다. 생산비용의 문제가 해결된다면 이들 신소재의 특성을 살린 새로운 응용이 가능할 것으로 기대해 본다.

탄소가 요모조모 활용이 많이 되고 많은 관심을 끄는 이유는 공유 결합을 하기 때문이다. 인접 원자들과 전자를 나누면서 강한 결합을 이루는 탄소는 우리 인간들에게 살아가는 방법을 알려주는 것 같다. 혼자서 모든 것을 차지하려고만 하지 말고 남들과 나눌 때, 더욱 다양하고 가치 있게 된다는 자연의 가르침이 아닐까.

정리

탄소

- 원자번호 6번, 최외각 전자가 4개인 4족 원소
- 다른 원자들과 공유 결합이라는 강한 결합을 형성
- 우리 주변 대부분 물질에 포함되어 있음(극소량의 불순물로라도 항상 발견되는 원소)

탄소 동소체의 종류

- 다이아몬드, 흑연, 풀러렌, 탄소나노튜브, 그래핀, 비정질 탄소
- 순수한 탄소끼리 배열되는 방법에 따라 독특한 성질을 나타내는 소재
- 풀러렌, 탄소나노튜브, 그래핀은 아직 산업적 응용이 덜 되고 있는 신소재

플라스틱

- 흔히 플라스틱이라 불리는 소재는 탄소 원자 골격으로 이루어진 고분자(폴리머)가 주성분
- 고분자는 열가소성 고분자, 열경화성 고분자, 탄성 고분자로 구분
- 친환경 바이오 플라스틱도 개발 중

소재의 재활용

- 소재의 순환과정에 대한 이해와 재사용/재활용의 의의를 파악함
- 친환경 소재 설계와 재활용 제품을 향한 생산자와 소비자의 인식이 중요함

이산화탄소는 지구 온난화의 주범

- 이산화탄소의 배출량을 줄이거나 이산화탄소를 포집하는 탄소 중립 정책이 시작
- 포집된 이산화탄소의 화학적 처리를 통해 탄소소재로 재탄생 가능

5

더 가볍고 강한 복합소재

복합소재는 왜 필요한가?

2016년 세계 일주 비행에 나선 태양광 비행기 솔라 임펄스-2[1]가 뉴욕에서 출발해 71시간의 비행 끝에 대서양을 건너 스페인 남부 세비야에 도착했다(그림 5-1). 이 비행기는 오로지 태양광으로부터 에너지를 얻어 비행하였는데, 무게를 줄이면서도 안전을 확보하기 위해 탄소섬유 복합재라는 재질로 동체를 만들었다. 2017년 두바이에서는 세계 최초로 사람이 탈 수 있는 자율운행 유인 드론이 개발되어 시험비행을 했다. 배터리에 저장된 전기를 이용해 프로펠러를 구동하며 날아가는 드론 또한 동체의 경량화가 중요한데, 이때 사용된 소재도 탄소섬유 복합재였다.

복합소재composite material는 '둘 혹은 그 이상의 소재가 모여서, 원래의 소

1 솔라 임펄스Solar Impulse는 스위스의 장거리 태양광 항공기 실험 프로젝트의 이름이며, 동시에 해당 프로젝트에서 운영하는 항공기의 이름이다. 태양 에너지만을 이용한 세계 일주를 위해 2015년 아부다비에서 출발한 솔라 임펄스 2호는 2016년 7월 26일 아랍에미리트의 수도 아부다비의 알바틴 공항에 착륙하면서 4만2천 km, 505일간의 비행을 끝마쳤다.

재가 개별적으로 가지고 있는 것보다 더 좋은 특성을 가지게 된 소재'라고 정의된다. 먹을 것으로 비유하자면 샌드위치라고 말할 수 있다. 샌드위치는 빵, 햄, 야채를 따로 먹을 때는 느낄 수 없는 조화로운 맛을 내도록 다양한 식재료를 잘 조합하여 만든다. 이처럼 복합소재도 단일소재로는 얻을 수 없는 좋은 성질을 얻기 위해 개발하고 있다.

첨단 복합소재는 제2차 세계대전 중 미국, 영국, 일본을 비롯한 선진 각국에서 군사용으로 본격적으로 개발되기 시작했다. 그 후 1960년대 우주경쟁, 상업용 항공 산업의 성장, 여가시간의 증가 등에 따라 고성능 첨단 복합소재에 대한 연구개발이 선진국을 중심으로 활발하게 이루어졌으며, 뛰어난 기계적, 화학적 특성을 바탕으로 오늘날 복합소재는 신소재의 한 분야로 굳게 자리 잡고 있다. 부품과 구조물의 설계, 성형, 시험평가기술 등의 발전과 아울러 복합소재를 구성할 수 있는 다양한 원소재들이 새롭게 개발되고 특성이 향상됨으로써 그 응용범위도 더욱더 넓어지고 있다.

복합소재란 특수한 기능향상을 위해 두 가지 이상의 물질을 물리적, 화학적으로 혼합한 소재로서 단일소재에서는 볼 수 없는 복수의 기능 및 목

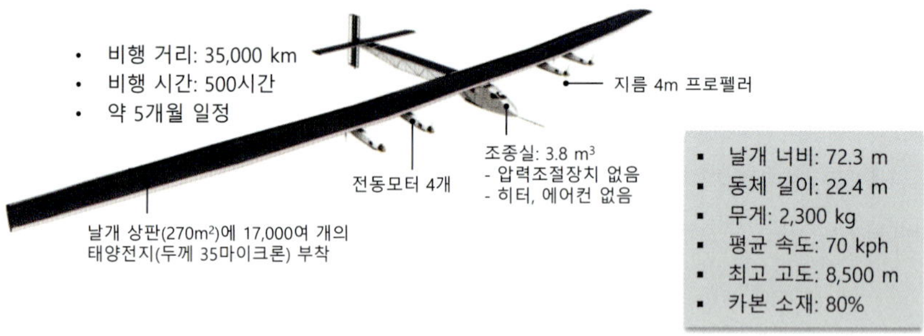

그림 5-1 태양광 항공기 솔라 임펄스

적에 적합한 특성을 실현한 소재라고 할 수 있다. 복합소재의 미세구조는 구분이 가능한 두 가지 이상의 상phase[2]으로 이루어져 있는데, 기계적 특성을 담당하는 재료인 '강화재reinforcement'와 강화재를 하나로 묶어주고 외부 환경으로부터 보호하는 역할을 담당하는 '기지재matrix'가 바로 그것이다.

이 두 가지 상의 물성, 형상, 부피비 등을 조절하면서 조합하면, 복합소

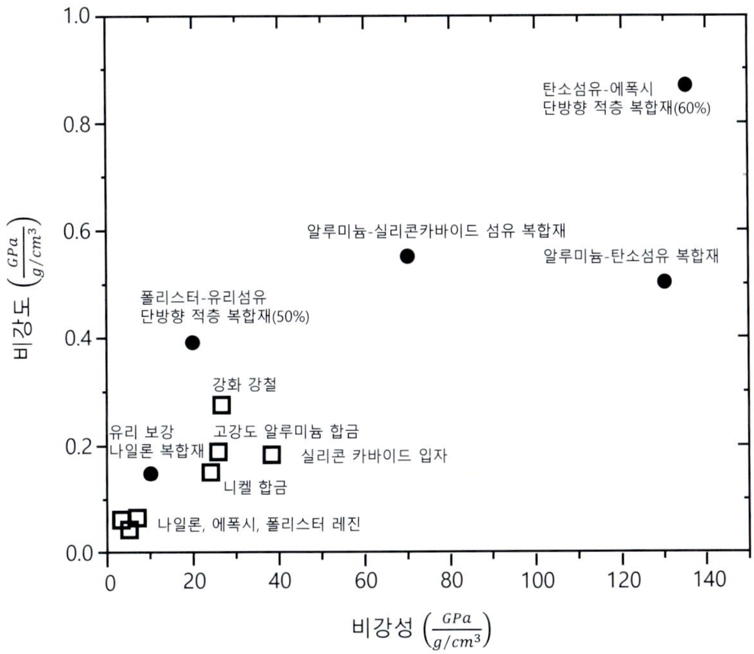

그림 5-2 일반소재와 복합소재의 성질 비교

---

2 상phase이란 모든 물리적 화학적 특성이 균질한 물체 일부분을 일컫는 공학적 용어이다. 즉, 서로 다른 상이란 화학적 조성이 다르거나 물리적 특성이 상이한 부분으로, 간혹 기계적으로 분리가 가능하다.

재의 물성 역시 다양한 범위로 제어할 수가 있다. 또한, 강화상의 방향과 분산 정도를 조절함으로써, 복합소재를 방향에 따라 성질이 동일한 등방성isotropic이나 방향별로 다른 성질을 나타내는 이방성anisotropic을 가진 소재로도 제조할 수가 있다.

전투기의 엔진, 고속전철의 브레이크 디스크, 수소자동차용 고압 수소연료탱크 등 첨단장비의 극한 환경 부품뿐만 아니라 스포츠용품과 레저기구, 그리고 인공뼈 등의 의료분야에까지 이미 복합소재는 우리 일상생활에 광범위하게 응용되고 있다. 오래전부터 건축에 사용되는 철근 콘크리트도 대표적인 복합소재의 예이다. 콘크리트는 시멘트와 모래, 자갈, 물 그리고 강도를 확보하기 위한 각종 혼화재를 적절하게 배합하여 굳힌 혼합물로서 압축강도를 개선한 복합소재이다. 그러나 초기의 콘크리트 복합소재는 인장강도가 취약하다는 단점이 있었다. 이를 보완하기 위해서 콘크리트 재료들을 배합하여 굳히기 전에 철근을 넣어 강도를 증대시켰는데, 이 복합소재가 바로 철근 콘크리트인 것이다.

복합소재의 종류

복합소재는 여러 가지 기준으로 분류될 수 있다. 기지재의 종류에 따라 고분자 복합소재, 금속 복합소재, 세라믹 복합소재, 고무 복합소재, 시멘트 복합소재 등으로 구분할 수도 있고, 강화재의 크기, 형태, 분산 정도에 따라서 더욱 세밀히 분류하여 입자 강화, 섬유 강화, 층상 강화 세 가지 종류로 나눌 수도 있다.

입자 복합소재particulate composites는 불규칙하게 배향된 입자를 많이 첨가한 복합재를 말한다. 입자 복합소재는 등방성, 즉 측정되는 방향에 무관하게 일정한 물성값을 나타낸다. 대표적인 예로는 높은 경도의 세라믹을 금속에 분산시킨 복합재가 있으며, 주로 절단용 공구로 이용된다. 또한 타이어에 첨가되는 카본블랙은 자외선을 흡수하는 역할과 더불어 고분자가 약화되는 것을 방지하는 역할을 한다.

섬유 강화 복합소재FRC, fiber reinforced composites는 기계적 강도가 약한 소재에 섬유재를 첨가한 복합소재이다. 섬유 강화 복합소재의 특성을 나타내는 두 가지 중요한 변수는 섬유상의 종횡비aspect ratio(장단축비)와 섬유 배향fiber orientation이다. 강화섬유의 종횡비는 '길이/지름'으로 정의되며 길고 얇은 장섬유long fiber가 대개는 더 우수한 특성을 나타내지만, 가격이 더 비싸고 복합재료 내부에 균일하게 분산시키기 어렵다. 섬유 배향에 따라 기계적 성질에 변화를 줄 수 있는데, 짧고 자유롭게 배향된 섬유는 등방성의 거동을 나타낸다. 한 방향으로 긴 섬유는 심한 이방성의 거동을 나타내고 섬유의 길이와 평행한 방향으로 하중이 가해질 때 가장 강하다. 이러한 복합소재들은 구성 소재가 모든 방향으로 강할 수 있도록 교차하여 적층시키기도 한다. 섬유 강화 복합소재는 자동차, 항공기, 스포츠용품, 풍력에너지 등 뛰어난 기계적 특성이 필요한 분야에 광범위하게 응용되고 있다.

층상 복합소재laminar composite materials는 라미네이트라고 불리는 서로 다른 소재의 층으로 구성되어 있다. 층상 복합소재는 한 방향으로 재료의 넓은 표면적이 요구될 때 주로 사용된다. 비교적 저렴하게 제조할 수 있으며 면상에서의 특성이 면에 수직 방향으로의 특성과 다른 이방성을 나타낸다. 층상 복합소재의 예는 우리 주변에 아주 많이 있다. 층상 복합소재는 주로

그림 5-3 강화재 형상에 따른 복합소재의 분류

내식성, 내마모성, 강도 등을 향상시키거나 특이한 열팽창 특성을 얻고자 할 때 이용된다. 자동차의 3층 안전유리는 대표적인 층상 복합소재로, 외곽 유리 층은 단단하여 작은 충격과 긁힘, 열화를 방지하며 가운데의 고분자 층은 파괴가 발생할 때 연성을 유지하도록 설계된다. 층과 층 사이의 좋은 결합으로 인하여 망치로 충격을 가하더라도 유리가 조각나지 않는다. 층상 복합소재의 다른 예로는 바이메탈bimetal이 있다. 이 재료는 열팽창계수가 금속마다 다른 특성을 이용하여 전기회로 차단기나 온도조절 장치에 사용된다. 열팽창계수가 큰 재료와 작은 재료가 접합되어 있으면, 온도가 상승할 때 열팽창계수가 작은 재료 쪽으로 휘는 특성을 쉽게 만들어 낼 수 있다.

복합소재의 성분

복합소재는 기지재와 강화재료로 구성되어 있다. 우선 강화재로는 어떠한 물질들이 사용되는지 알아보자. 다양한 물질들이 강화재로 사용되고 있는데, 용도에 맞는 적당한 강화재를 선택하려면 여러 가지 기계적 특성을 고려해야 한다. 중요한 기계적 특성에는 대표적으로 강도[3]와 강성[4]이 있다. 단 하나의 소재로 동시에 모든 특성을 만족시키기는 어려우므로, 적당한 타협이 필요하다. 일반적으로 많이 사용되는 강화재로는 탄소섬유, 유리섬유, 유기섬유, 세라믹섬유, 세라믹 입자 등이 있다.

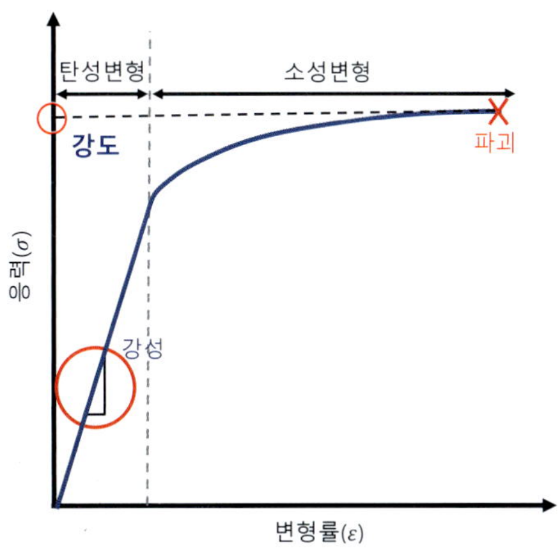

그림 5-4 힘과 변형의 관계로부터 구할 수 있는 강도와 강성

3 강도strength는 소재가 파괴되기까지 가해야 하는 힘으로 정의되며 인장강도, 압축강도, 굽힘강도, 비틀림강도 등으로 구분할 수 있다.

4 강성stiffness은 소재가 변형에 저항하는 정도를 나타내며, 힘에 따른 변형의 비율로부터 구한다.

강화재

탄소섬유carbon fiber는 탄소 원자가 결정 구조를 이루어 길게 늘어선 분자 사슬로 이루어진 섬유이다. 섬유의 지름은 약 8 ㎛ 정도로 매우 가늘지만, 인장강도와 강성도가 높으며 열과 화학적인 성질이 우수하고 열팽창이 적다. 탄소섬유는 아주 가는 플라스틱 섬유를 산소가 없는 환경에서 가열하여 탄소만 남기는 방법으로 제조할 수 있다. 탄소섬유의 강도와 강성은 배열된 정도에 따라 달라진다. 항공기, 자동차, 스포츠 용품 등 강화재 중에 가장 많이 이용되는 소재라고 할 수 있다.

탄소섬유 강화플라스틱CFRP, carbon fiber reinforced plastic은 기존에 사용하던 플라스틱의 장점(가볍고 성형이 쉬우며 부식에 강함)은 살리고, 단점(약한 강도)은 탄소섬유로 보강한 복합소재이다. 탄소섬유로 된 넓은 천에 녹인 플라스틱을 부은 후 고압으로 굳혀 제작하며, 철과 비교해 강도는 5~10배, 탄성은 7배 높은 성질을 가지고 있다. 동일한 강도나 그 이상의 성능을 지닌 강steel보다 약 50%가량 가볍고 철보다 충격에도 강하다. 이러한 CFRP 소재는

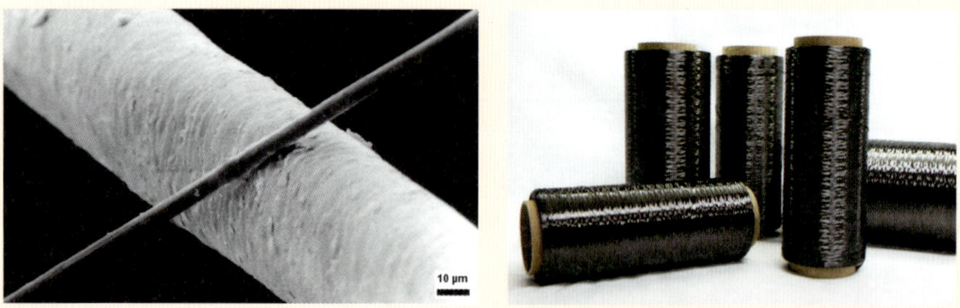

그림 5-5 탄소섬유의 전자현미경 이미지(왼쪽)와 탄소섬유를 꼬아서 만든 실(오른쪽)

출처: Saperaud, CC BY-SA 3.0, Wikimedia Commons/ LisaDenova, CC BY-SA 4.0, Wikimedia Commons

차량의 중량을 낮춰 연료 소비와 이산화탄소 배출량을 감소시키기 위해 고가의 자동차에 적용되고 있다.

유리섬유glass fiber에 이용되는 유리는 재료 내부의 원자 배열의 규칙성이 없는 비정질 상태의 소재이므로, 유리섬유 역시 일반적인 비정질 상태의 소재와 마찬가지로 낮은 강성을 나타낸다. 그러나 유리섬유의 강도는 탄소와 비슷한 값을 보인다. 유리섬유의 물성은 유리의 조성에 따라 폭넓게 변화하지만, 탄소섬유와는 달리 등방성을 나타낸다.

유기섬유organic fiber 중 가장 유명한 제품은 케블라Kevlar[5]라는 소재이다. 케블라는 고분자 중에서는 온도 저항성이 우수하고 강성과 인장강도가 높지만, 압축강도는 낮다. 탄소섬유와 유리섬유의 압축강도는 인장강도와 거의 비슷한 값을 나타내지만, 케블라는 압축강도가 인장강도의 약 20%밖에 되지 않는다. 케블라 섬유의 낮은 압축강도는 구부러지는 상황에서 중요한데, 이 경우 압축을 받는 안쪽에서 파괴가 발생하여 회복할 수 없는 비틀림이 남게 된다. 그러나 유리섬유, 탄소섬유, 세라믹 섬유의 파괴양상이 취성[6]적임에 비하여, 케블라 섬유의 파괴는 압축과 인장에서 모두 연성[7]거동을 나타내는 특징이 있다.

많은 종류의 세라믹ceramic 입자나 섬유들도 강화재로 사용되어 복합소

5 케블라는 미국의 Dupont(듀폰)사가 1973년 상용화에 성공한 아라미드 섬유의 제품명이다. 국내 코오롱사와의 특허 분쟁이 있었던 이 소재는 같은 무게의 강철보다 5배나 강도가 높아 현존하는 섬유 중 가장 강한 소재다. 방탄복과 방탄 헬멧의 제조에도 널리 사용되고 있다.

6 취성brittleness은 충격하중을 받을 때 물체가 변형되지 않고 급작스럽게 파괴되는 특성을 말한다.

7 연성ductility은 재료를 늘릴 때 파괴되지 않고 계속 늘어나는 성질을 의미한다.

재에 열적 안정성뿐만 아니라 고강성을 주기도 한다. 이러한 이유로, 세라믹은 기지재가 금속이거나 세라믹인 복합소재에 널리 응용되고 있다. 일반적으로 이용되는 세라믹은 실리콘 탄화물, 보론 탄화물, 보론 질화물과 알루미늄 산화물이다. 금속 기지 복합소재의 경우, 강화재는 강성을 증가시키고 열적 안정성을 향상시키는 역할을 한다. 세라믹 기지 복합재에서는 세라믹 기지가 이미 강성이 높으므로 강화재는 파괴인성을 증진시키는 역할을 한다.

기지재

복합소재를 구성하는 기지재는 강화재만큼이나 다양하며, 고분자, 금속, 세라믹이 모두 사용된다.

열경화성thermosetting 고분자인 에폭시나 폴리에스터는 가열하면 가교 반응을 일으켜 3차원 망상구조를 형성하면서 경화된다. 이렇게 한번 굳어지면 다시 가열해도 녹지 않는다. 따라서 이들은 열가소성 소재보다 더 좋은 내열성과 내화학성을 나타낸다. 이 고분자들은 경화 온도보다 더 높은 온도로 다시 가열한다 해도 녹지 않고 바로 열 분해되는 특징이 있다. 이러한 고분자들은 세라믹과 비슷하게 취성이 있어 딱딱하다.

열가소성thermoplastics 고분자인 나일론, 폴리에틸렌, 폴리프로필렌, 폴리카보네이트 등과 같은 물질은 녹는점까지 가열되면 액체 형태로 부드러워진다. 일반적인 녹는점은 170~260℃이지만, 그 이하에서도 연화된다. 열가소성 고분자는 인장과 압축 시 모두 파괴가 발생하기 전에 상당한 양의 유동이 일어난다.

금속 기지는 고분자 기지보다 더 좋은 강성과 더 높은 열적 안정성을 제공한다. 금속 기지에 세라믹 보강재를 첨가하면 강성이 좋은 복합소재가 된다. 전형적인 기지재로는 알루미늄, 타이타늄, 마그네슘, 철 합금 등이 사용된다. 금속 기지의 고분자 복합소재에서 기지재와 강화재 사이의 결합이 좋다면, 강화재가 하중을 더 많이 전달하고 연성의 기지는 인성을 높이는 역할을 한다.

세라믹은 취성적이므로 대부분의 기지재와는 다른 거동을 나타낸다. 세라믹 기지는 이미 강성과 강도를 지니고 있어 섬유상이 인성[8]을 제공해야 한다. 세라믹 기지에 균열이 발생하더라도 길게 연결된 섬유상이 더 이상의 균열 확장을 억제하는 역할을 한다. 이러한 이유로, 세라믹 기지와 강화재 사이의 계면을 조절하여 최대의 인성을 얻기 위해 부단한 노력을 기울이고 있다.

복합소재의 물성: 혼합법칙

복합소재의 유효한 특성은 구성하고 있는 각 성분의 상대적인 양에 의해 주로 결정된다. 따라서 일반적으로 많이 알려졌고 직관적으로도 이해가 되는 혼합법칙에 의하여 전체적인 복합소재의 성질이 표시될 수 있다.

일반적인 입자 복합소재에서는 유효밀도를 구하는 데에 혼합법칙이 이용된다. 구성 성분 각각의 밀도를 ρ_n, 각 성분의 부피분율을 f_n이라고 하면 복합소재의 유효밀도 ρ_c는 다음 식 (1)과 같이 표시된다.

---

8 인성toughness은 소재의 질긴 정도를 나타내며, 외력이 가해질 때 변형이 생기더라도 부서지지는 않는 특성을 의미한다.

$$\rho_c = \Sigma f_i \rho_i = f_1\rho_1 + f_2\rho_2 + f_3\rho_3 + \ldots + f_n\rho_n \tag{1}$$

식 (2)에는 입자 복합소재의 탄성계수를 나타내는 두 가지의 혼합법칙 식을 나타내었다. 여기서 E는 탄성계수, V는 부피를 나타내고, 아래 첨자 c, m, p는 각각 복합소재, 기지, 입자를 나타낸다. 두 혼합법칙 식으로부터 상한과 하한 곡선을 구할 수 있으며 측정값은 이 두 곡선 사이에 위치함을 알 수 있다.

$$\text{상한 곡선} \quad E_c = E_m V_m + E_p V_p \tag{2}$$

$$\text{하한 곡선} \quad E_c = \frac{E_m E_p}{V_m E_p + V_p E_m}$$

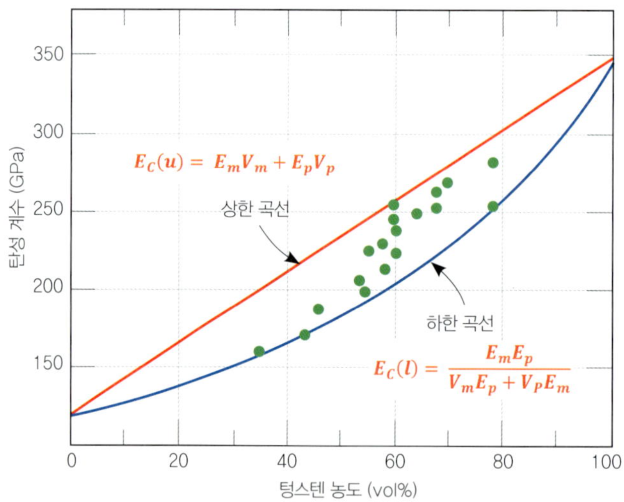

그림 5-6 구리(Cu) 기지에 텅스텐 입자를 첨가해 제조한 입자 강화 복합소재의 이론적인 상한 곡선 및 하한 곡선과 실험적 측정값

혼합법칙은 섬유 복합소재의 경우에서도 유효밀도, 전기전도도, 열전도도, 탄성계수 등을 예측하는 데에 이용된다. 기지상을 m, 섬유상을 f로 표시한다면 복합재료의 밀도 ρ_c, 열전도도 k_c, 전기전도도 σ_c는 다음 식 (3)으로 표시된다.

$$\begin{aligned} \rho_c &= f_m \rho_m + f_f \rho_f \\ k_c &= f_m k_m + f_f k_f \\ \sigma_c &= f_m \sigma_m + f_f \sigma_f \end{aligned} \tag{3}$$

섬유 강화 복합소재의 경우 하중의 방향이 두 극단인 경우, 즉 섬유상에 수직인 경우와 평행한 경우에 대해 혼합법칙으로 계산할 수 있다. 그림 5-7에 섬유상의 부피 분율에 따른 탄성계수의 변화를 나타내었다. 직선의 변화를 나타내는 상한upper limit 곡선은 하중과 섬유의 방향이 평행한 경우이

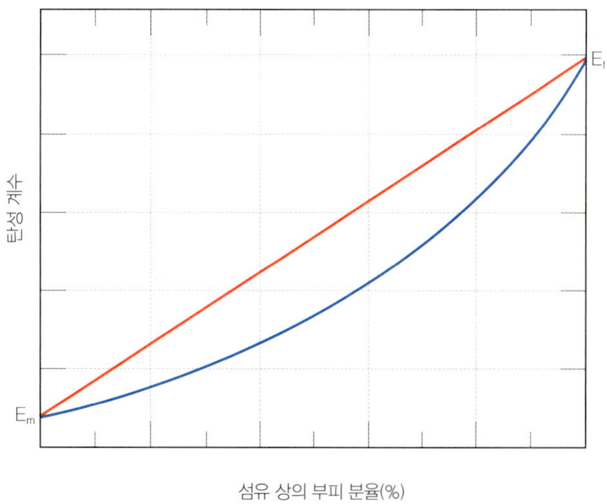

그림 5-7 섬유 강화 복합소재에서 섬유상의 부피 분율에 따른 탄성계수의 변화

고, 하한 곡선은 하중과 섬유의 방향이 수직인 경우에 해당한다. 최대 탄성계수 값(E_f)은 섬유에 해당하고 최솟값(E_m)은 기지재료의 값이다. 단섬유, 입자, 불규칙한 방위의 복합상 등의 다른 형태들은 두 양단의 사이에 위치하게 된다.

금속 기지 복합소재

금속 기지 복합소재는 구조재와 비구조재에 모두 사용할 수 있는 성질을 구현할 수 있는데, 그 중요한 성질로는 비강도, 비강성, 피로저항성, 마모저항성, 열팽창계수 등을 들 수 있다. 금속 기지에 강성이 높은 금속이나 세라믹 강화재를 첨가하면 복합소재의 탄성계수는 증가한다. 알루미늄(Al), 타이타늄(Ti), 마그네슘(Mg)과 같은 경량금속의 경우 적당량의 강화재를 첨가하면 큰 효과를 얻을 수 있다. 강성이 증가하는 것 외에도, 강화재의 밀도는 경량금속의 밀도와 비슷하므로 복합소재의 비강성(탄성계수/밀도)을 높일 수 있다. 일반적으로 강화재는 기지재보다 탄성계수가 높을 뿐 아니라 강도도 높다. 복합소재의 강도 증가에 있어서는 강화재의 종류, 형상뿐만 아니라 기지재와 강화재의 계면 사이의 결합 강도가 매우 중요하다.

금속 기지 복합소재의 또 다른 우수한 성질은 피로저항성이다. 강화재는 피로 균열의 생성과 전파를 억제하여 피로 수명을 향상시킨다. 세라믹 강화재는 경도가 높으므로 금속 기지 복합소재의 윤활 성능을 향상시킨다. 마모저항성이 낮은 Al, Ti, Mg와 같은 경량금속에 세라믹을 강화재로 사용하면, 마모저항성이 수십 배 이상 증가하므로 복합소재가 더욱 유용해진다.

금속 기지 복합소재의 주요한 응용은 시장영역의 분류에 따라 항공, 자동차, 산업용품, 전자 패키징, 열관리 분야 등이 있다. 이 중 항공분야는 경량화에 의해 기계적 특성과 에너지 효율의 향상을 얻을 수 있어 금속 기지 복합소재의 개발이 가장 먼저 시작된 곳이다. 항공기 구조물에서 요구하는 중요한 기계적 특성은 강성이므로, 금속 기지 복합소재의 적용은 비강성을 높이는 재료의 개발로부터 시작됐다. 이 외에도 적절한 강도, 연성, 파괴인성, 피로 강도와 내식성이 필요하다.

항공기 구조재용 알루미늄 기지 복합소재로는 주로 입자나 장섬유 형태의 실리콘 카바이드(SiC)를 보강하여 제조한다. 40% 체적률의 입자로 강화시킨 경우는 알루미늄 기지 재료에 비해 2배 이상의 비강성을 얻을 수 있다. 장섬유 보강의 경우는 3~4배 이상의 비강성을 얻을 수 있으며, 비강성은 최대 60% 보강섬유 체적률까지 거의 직선적으로 증가한다.

가스터빈 엔진에도 고성능의 경량소재가 절실히 요구된다. 고온에서의 비강도와 비강성이 결정적인 요구 조건이며, 피로 및 산화에 대한 저항성이 매우 중요하다. 알루미늄 금속 기지 복합소재는 민항기에 많이 사용되는 엔진의 팬 출구 날개에 적용되고 있다.

최근 자동차의 경량화가 자동차 업계의 큰 과제가 되고 있다. 이미 복합소재는 차체 외판, 외장부품, 스프링 같은 기구부품 및 엔진부품 등에 적용하기 시작하여 현재 그 사용이 증가하고 있다. 또한, 경량화 못지않게 저가의 재료와 공정비용을 유지하면서 높은 성능을 낼 수 있는 소재와 공정을 개발하는 것이 중요하다. 브레이크 부품과 스노우 타이어에도 복합소재가 사용되고 있다.

항공우주 산업에서 사용되던 많은 소재가 스포츠용품에도 적용되고 있다. 금속 기지 복합소재가 사용되는 중요한 이유는 향상된 비강성 특성이다. 골프 장비 시장에서 많은 새로운 복합소재의 응용이 시도되고 있다. 흥미로운 재료로는 높은 비강성과 강도의 금속 기지 복합소재로서 우드와 아이언 클럽의 샤프트와 클럽헤드에 적용이 되고 있다. 자전거 시장에서는 프레임, 핸들 바, 의자 기둥 등에 강성이 높고 내구성이 강한 복합소재가 활용되고 있다.

고분자 기지 복합재료

섬유 강화 플라스틱을 시초로 고분자 기지 복합소재가 상업적으로 생산 · 판매되기 시작한 지 50여 년이 됐다. 뛰어난 기계적 · 화학적 특성을 바탕으로 오늘날 고분자 복합소재는 신소재의 한 분야로 굳게 자리 잡고 있다. 설계, 성형, 분석기술의 발전과 아울러 유리섬유 복합소재 이후에 특성이 뛰어난 복합소재들이 개발되고 있어 복합소재의 응용범위를 더욱더 넓혀가고 있다. 보론, 카본, 아라미드 등 고강도 섬유의 개발은 기존 소재로는 성형할 수 없는 복잡한 구조물을 위한 첨단 복합소재를 개발할 수 있게 했으며 군용, 우주기기의 개발로 얻어진 결과들은 민간 항공기 또는 스포츠, 레저 분야에 많이 이용되고 있다. 민간 항공기의 많은 부분에 첨단 복합소재로 된 부품들이 사용되고 있으며, 고분자 복합소재로 만들어진 골프채, 낚싯대, 테니스 채, 스키 등을 우리 주변에서 손쉽게 찾아볼 수 있다.

고분자 수지 복합소재는 가볍고, 녹슬지 않으며 충격에 강하고 그 형상을 비교적 자유롭게 성형할 수 있으므로 자동차의 외장부품을 제작하는 데도 적절하다. 제조기법상의 이점을 이용하여 차체의 형상을 비교적 자유로이 제작할 수 있으므로 유체역학 및 유행 감각을 고려한 모델을 개발하기 편하다. 현재는 일반적으로 후드, 그릴, 트렁크, 문, 펜더 등에 복합소재가 많이 사용되고 있으며, 여러 가지 부품을 조합하여 일체로 성형한 부품도 개발 및 적용되고 있다. 자동차의 부하 부품에도 복합소재가 사용되고 있는데, 그 예로는 구동축, 서스펜션 스프링, 그리고 프레임을 들 수 있다.

항공기에 사용되는 고분자 복합소재를 보강 섬유별로 유리섬유, 탄소섬유, 아라미드섬유, 보론섬유로 나눌 수 있다. 비강도의 요구 조건이 큰 항공기에는 주로 고강도 탄소섬유와 아라미드섬유가, 비강성의 요구 조건이 큰 우주용으로는 고탄성 탄소섬유와 아라미드섬유, 보론섬유가 주로 사용된다. 민수용보다는 군수용 항공기에 더 빠르게 복합소재가 적용되고 있는데, 이는 재료를 선택할 때 가격보다는 탁월한 성능을 우선하기 때문이다.

항공기에 복합소재를 사용함으로써 얻을 수 있는 또 다른 장점은 생산 공정과 부품의 수를 줄여서 최종 제품을 생산하는 일체 성형이 가능하다는 것이다. 예를 들면, 보잉사의 실험 프로그램에서 11,000개의 금속 부품으로 구성된 헬리콥터를 1,500개의 복합재 부품으로 만듦으로써 90%의 연결용 부품을 제거할 수 있었다.

레크레이션과 프로스포츠에서의 경쟁이 심화됨에 따라 스텔스 항공기에 적용되던 초고성능의 복합소재까지도 스포츠용 장비에 사용하기 시작했다. 고분자, 세라믹 및 금속, 또는 하이브리드 기지 복합소재의 사용으로 더욱 가볍고, 강하고, 강성이 높은 스포츠용품의 개발이 가능하게 됐다.

스포츠용품의 세계 시장에서 첨단 복합소재의 가장 큰 부분을 차지하고 있는 소재는 고분자 수지 기지에 유리, 아라미드, 탄소, 고분자 섬유가 강화된 고분자 복합소재이다. 낚싯대, 테니스 라켓, 골프클럽 샤프트와 헤드, 수상스키, 스노우 스키, 활 등 일일이 나열하기 어려울 정도로 많이 사용되고 있다.

이미 탄소섬유 강화플라스틱CFRP은 연비규제의 강화, 전기자동차의 출시에 맞물려 차량의 경량화를 위해 적극적으로 이용되고 있다. 미국의 포드사에서 제조한 100% CFRP 시작차는 기존 차량과 비교해 약 51.5% 정도 가벼워 연비를 약 35% 정도 개선한 바 있다. 이외에도 골프채의 샤프트에 CFRP를 적용하면 가볍고 탄성이 좋아 비거리 향상에 도움이 되므로, 주요 골프채 제조사에서는 모두 CFRP을 적용한 제품을 출시하고 있다. 또한 인공관절이나 임플란트 소재로도 개발되고 있는데, 생체적합도가 높고 마모

그림 5-8 복합소재가 응용되는 각종 첨단 제품들

저항성과 가공성이 우수할 뿐만 아니라 시술 이후의 경과 진단 시 금속 소재와는 달리 진단기기와 간섭을 일으키지 않기 때문이다. 그러나 섭씨 1천도 이상으로 가열해야 하고 제조원가가 철의 20배 수준이며, 에폭시 수지의 경화에 오랜 시간이 소요되어 생산성이 낮아 상용화에 걸림돌이 되고 있다. 이러한 제약에도 불구하고 2030년까지 CFRP의 수요는 자동차 및 항공우주 산업의 수요로 인해 연 20%씩 성장할 것으로 전망되고 있다.

맺음말

복합소재는 둘 혹은 그 이상의 소재가 모여서 원래 각자의 소재가 개별적으로 가지고 있는 것보다 더 좋은 특성을 가지게 된 소재를 의미한다. 소재에서의 시너지 효과인 것이다. 복합소재의 특성은 합쳐지는 각각의 소재의 특성에도 관계되지만, 합쳐지는 비율 혹은 배열되는 방법에 따라서도 달라진다. 잘 조합된 복합소재는 단단하면서도 가볍고, 얇으면서도 질기고, 성형이 쉬우면서도 고온에서 견디고, 딱딱하지만 잘 깨지지 않는, 일반적으로는 양립하기 어려운 성질을 동시에 가질 수 있다. 혼자보다는 여럿이 함께 했을 때 더 많은 힘을 가질 수 있는 우리의 세상과 똑같다.

정리

복합소재

- 한 가지 소재로는 구현하기 힘든 물성을 두 가지 이상의 소재를 복합화하여 확보하려는 방식
- 금속의 강성, 세라믹 재료의 강도, 고분자 재료의 인성 등을 섞어서 활용
- 극한환경의 부품, 고성능의 스포츠용품, 의료소재로 광범위한 응용 분야가 있음

복합소재의 구성

- 기지재와 강화재로 구성
- 기지재로는 열경화성 또는 열가소성 고분자, 금속, 세라믹소재를 사용하며, 강화재로는 탄소섬유, 유리섬유, 고분자섬유, 세라믹 입자들을 사용함

복합소재의 물성

- 혼합법칙에 따라 복합소재를 구성하고 있는 각 성분의 상대적인 양에 의해 주로 결정됨
- 등방성 또는 이방성 특성을 선택적으로 구현 가능

복합소재의 활용

- 입자 복합소재: 높은 경도를 갖는 세라믹을 금속에 분산시킨 소재로 절단용 공구에 활용함
- 섬유 강화 복합소재: 섬유재를 넣어 기계적 강도를 향상시켜 자동차, 항공기, 스포츠용품, 풍력에너지 등 뛰어난 기계적 특성이 필요한 분야에 광범위하게 응용되고 있음
- 층상 복합소재: 다른 물성을 갖는 소재를 층층이 쌓은 형태로 자동차 안전유리 등에 활용함

6

자연으로부터 배운 생체모방소재

과학의 발전은 모방으로부터

1452년 이탈리아에서 태어난 레오나르도 다빈치Leonardo da Vinci는 수학, 음악, 미술 등에서 남다른 천재성을 나타냈지만, 서자라는 신분 때문에 본인이 원했던 의사라는 직업을 포기하고 공방에서 일했다. 그림에 대한 능력을 발견하고는 많은 화가로부터 그림을 배우며 자신만의 미술 실력을 쌓아가던 중 명암을 이용한 원근 표현을 처음으로 선보이게 되어 미술가로서 인정을 받았다. 그의 관심은 이에 그치지 않고 자연과학에도 이어져 시체를 직접 해부하여 인체해부도까지 그리게 되었고, 세밀한 그의 인체 해부도는 의학발전에 큰 도움을 주었다고 알려져 있다. 예리한 관찰력을 통해 그가 남긴 여러 가지 기구의 설계도 중에는 새의 날개를 모사한 글라이더(무동력 비행기)가 있는데, 그림 6-1에서 볼 수 있듯이 글라이더 날개의 뼈대는 새의 뼈대와 많이 닮은 것을 볼 수 있다.

스위스의 전기기술자 조르주 드 메스트랄George de Mestral은 1948년 산토끼를 쫓던 사냥개를 따라서 우거진 숲으로 들어가게 됐다. 집에 돌아와 보

그림 6-1 레오나르도 다빈치의 글라이더 설계도와 새의 날개

그림 6-2 엉겅퀴 씨앗(왼쪽)을 모방한 벨크로(오른쪽)

니 옷 여기저기에 식물의 씨가 붙어 잘 떨어지지 않는 것을 발견하고는 확대경으로 살펴보았다. 붙어있는 것은 엉겅퀴의 씨였고 그 생김새가 갈고리 모양으로 생겼다는 것을 관찰했다. 그는 이를 이용하여 한쪽에는 갈고리가 있고 다른 한쪽에는 실로 만들어진 작은 고리가 있는 벨크로velcro 테이프, 우리가 흔히 찍찍이라고 부르는 테이프를 만들었다. 단추에 비해 손쉽게 잠갔다 풀었다 할 수 있는 간편함과 접착테이프에 비해 여러 번 반복해서 사용할 수 있는 내구성으로 인해 일상생활에서 아직도 많이 사용되고 있다.

이처럼 생물체의 구조를 모방해 만든 소재를 생체모방소재라고 한다. 최근에는 과학의 발달로 나노 단위 구조까지 모방한 소재의 개발이 가능해졌고, 이를 활용하여 반도체, 항공우주 재료, 의료용 소재 등 최첨단 기술에도 접목하는 연구개발이 계속되고 있다. 이러한 생체모방Biomimetic소재의 탄생에는 자연현상에 대한 호기심과 관찰력이 뒷받침되어왔다.

연잎으로부터 배우는 방수 기술

흔히 방수라고 하면 보호하고자 하는 물건을 꽁꽁 싸매서 공기도 통하지 않게 만드는 방법이 떠오를 것이다. 그러나 보호하고자 하는 물질 자체를 젖지 않게 할 수는 없을까? 이에 대한 해답은 비를 맞아도 젖지 않고 물방울이 맺혀 굴러다니는 연잎으로부터 얻을 수 있다. 물방울이 동그란 모양으로 굴러다니는 것은 연잎 표면에 나 있는 미세 돌기 때문이라고 한다. 수천 분의 1 mm 크기의 미세 돌기로 인해 연잎 표면에서 물방울의 접촉각이 150° 이상이 되는데 일반적인 기준에 의하면 보통의 소수성[1]을 넘어서 초소수성을 갖는다고 말할 수 있다. 연잎이 흙탕물에 살면서도 깨끗함을 유지하는 것은 잎에서 물방울이 굴러떨어질 때 먼지나 흙을 함께 씻어 버리기 때문이다.

이런 연잎 효과를 이용하여 물의 침투를 막아주는 가벼운 방수복이나 스스로 청소가 되는 건물 외벽을 만든다면 어떨까? 만약 전자제품을 물에 빠뜨려도 괜찮은 기술은 없을까? 수분은 전기를 통하게 하므로 전자기기가 수분에 노출되면 내부 데이터가 손상되거나 작동이 멈추는 등의 문제가 발생할 수 있다. 이를 방지하기 위해 연잎 표면의 나노구조를 모사하여 반도체 소자를 만드는 기술이 발표됐다. 텅스텐 산화물을 정렬시켜 작은 돌기를 만들어 소수성 표면을 갖는 반도체를 합성하는 기술이었다[2].

---

1 소수성이란 친수성에 반대되는 말로서 물 분자와 친화력이 부족하여 쉽게 결합하지 못하는 성질을 의미한다.

2 Seunghyup Lee et al., Resistive Switching WOx-Au Core-Shell Nanowires with Unexpected Nonwetting Stability Even when Submerged Under Water (n.p.: Advanced Materials, 2012), 2421.

그림 6-3 물방울이 굴러다니는 연잎의 표면과 이를 모사한 초소수성 표면

식충식물로부터 배우는 윤활 표면

연잎의 미세한 돌기 구조는 초소수성을 유도하므로 물에는 젖지 않지만, 물보다 표면장력이 작은 기름방울은 연잎 표면에 달라붙을 수 있다. 이를 해결할 방법은 없을까? 식충식물의 꽃잎은 길쭉한 주머니 모양으로 생겼고 그 안에는 소화효소가 들어 있는 액체가 담겨있다. 벌레가 꽃향기에 이끌려 꽃잎 가장자리를 어슬렁거리다가 미끄러져 안으로 떨어지면 몸이 소화액에 녹는 지옥의 환경을 만들어 낸 것이다.

그런데 벌레들은 왜 꽃잎 주위에서 미끄러지는 것일까? 꽃잎 가장자리 표면은 다공성 구조로 되어 있어 건조할 때는 미끄럽지 않지만, 물이나 꿀이 채워지면 매우 미끄러워지는 현상을 확인할 수 있었다. 이에 과학자들은 물은 물론 기름에도 젖지 않는 표면을 가지는 재료를 만드는 데 성공했다. 미세한 구멍이 많은 다공성 구조체를 만들고 그 구멍에 물과 기름에 모두 섞이지 않는 특별한 용액을 채워 넣어 표면을 미끄럽게 만든 것이다[3]. 마치 물을 머금은 스펀지처럼 말이다.

표면에 만들어진 윤활액의 두께는 수 μm 정도인데, 액체의 특성으로 인해 자가 치유가 가능하다. 여기서 자가 치유란 액체의 유동성으로 인해 흠집이 생겨도 자연적으로 채워지는 성질을 의미한다. 이러한 성질을 이용해서 녹이 슬지 않는 금속 표면 처리기술을 개발할 수 있었다. 더 나아가 모든 물질이 붙을 수 없으므로 박테리아나 혈액도 당연히 붙지 않는 특성을 이용하여 수술 도구에도 응용 가능할 것으로 예상하고 있다.

그림 6-4 헬리암포라 네블리네라는 식충식물과 이를 모사한 윤활 표면 소재

3 https://wyss.harvard.edu/technology/slips-slippery-liquid-infused-porous-surfaces/

나비 날개의 화려한 색깔에서 배우다

나비의 형형색색 날개 그리고 공작의 화려한 깃털은 신기하게도 보는 각도에 따라서 그 색깔이 변한다. 이런 현상의 원인은 바로 빛의 간섭현상을 유도하는 표면의 구조에 있다. 일정한 파장의 빛을 흡수하거나 반사하여 색을 나타내는 일반 색소와 달리 나비의 날개는 독특한 나노구조를 통해 가시광선의 간섭을 일으키기 때문에 각도에 따라 다른 색을 나타내는 것이다.

구조색structural coloration의 원리는 이미 300년 전에 아이작 뉴턴에 의해 밝혀졌지만 이를 모방한 소재는 최근에 이르러서야 개발됐다. 오만원권 지폐의 위조방지를 위한 노출 은선은 구조색을 활용한 특수잉크로 제작된 것이고, 구조색의 원리를 이용한 디스플레이도 개발된 바 있다.

그림 6-5 나비의 구조색과 이를 모사한 지폐 위조방지 기술

홍합이 알려준 만능 접착제

우리가 자주 먹는 친숙한 어패류 중 하나인 홍합은 몸에서 내는 실 모양의 분비물인 족사를 이용해 바위, 수초표면 등에 붙어산다. 일반적인 접착제는 수중에서 그 접착 능력이 현저히 낮아지지만, 홍합은 거센 파도에도 버틸 수 있는 강한 접착력을 가지고 있을 뿐만 아니라 접착의 범위가 유기 고분자, 무기물질, 금속, 세라믹 등 매우 넓으므로 이런 특이적 접착 현상은 오랫동안 연구자들의 관심을 끌어왔다.

과학자들은 홍합의 접착 메커니즘을 밝히기 위해 접착 단백질의 종류 및 아미노산 서열을 연구하였고, 그 결과 홍합 접착제 성질인 폴리도파민 polydopamine을 모사한 무독성의 화학성분을 개발했다. 이 물질은 다양한 표면에 코팅하여 수중 접착제로써 사용할 수 있을 뿐만 아니라 지혈제와 같은 의료용 접착제로써도 활용할 가능성이 있다[4]. 실제로도 출혈에 민감한 혈

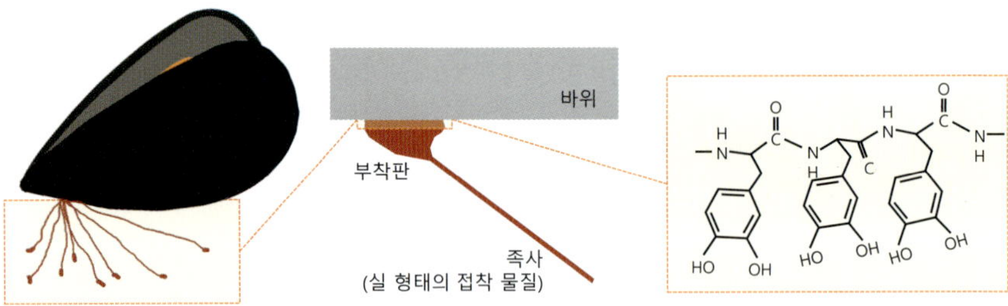

그림 6-6 홍합의 접착 및 접착 단백질의 아미노산 조성

4 이해신, "홍합접착과 응용과학", 한국분자세포생물학회

우병 환자나 아스피린 복용 환자들에게 유용한 접착성 지혈제와 피가 나지 않는 주사기가 개발되기도 했다. 일반적인 주사기는 바늘을 뺄 때 출혈이 있지만, 이 주사기는 바늘을 빼는 순간 바늘 바깥쪽에 붙어있는 접착제가 순식간에 상처를 덮어 봉합하는 원리라고 한다. 이러한 홍합 모사 접착제는 앞으로 생명공학 및 의공학 등 다양한 분야에서 활발히 적용될 전망이다.

바나나로부터 배운 염색약을 대체하는 발색 샴푸

바나나의 껍질을 벗겨 방치하면 과육이 검게 변하며, 사과와 감자도 껍질을 까면 마찬가지로 갈색으로 변한다. 사람은 피가 나면 딱지가 생기며 지혈이 되나 곤충은 피가 없어서 상처가 나면 체액이 나와 딱딱해지면서 갈색으로 변화된다. 이처럼 식물과 곤충에서 공통으로 볼 수 있는 갈변현상은 자기를 보호하고 치유하려는 자연현상이고, 여기에 관여하는 화학성분은 폴리페놀이라는 것이다.

이렇게 폴리페놀이 산소와 접촉하면 검게 색깔이 변하는 특성을 이용한 새로운 제품이 최근 개발되어 선풍적인 인기를 끌고 있다. 이는 바로 염색약을 대체하는 발색 샴푸이다. 나이가 들면서 자연스레 생기는 새치 혹은 백발은 염색을 통해서 가릴 수 있지만, 염색약에는 인체에 해로운 성분이 있어 기피하는 경향이 있었다. 그러나 새로 개발된 발색 샴푸는 폴리페놀이라는 천연성분을 기반으로 한 특허물질이 산소와 반응해 흰머리나 새치를 발색하게 만든다.

그런데 샴푸라는 제품은 계면활성제라는 성분을 넣어 머리카락에 붙은 이물질을 제거하는데, 폴리페놀 성분을 넣는다고 해도 물로 씻겨 나가면 소용이 없지 않을까? 이러한 의문에는 먼저 소개한 홍합에서 배운 접착제에서 답을 얻게 됐다. 필자(안)의 지인인 한국과학기술원의 이해신 교수는 폴리도파민과 유사한 분자구조를 가진 폴리페놀 성분을 샴푸에 첨가한다면 머리카락에 달라붙어 헹구어도 씻겨 나가지 않고 산소와 만나서 어두운 색깔로 변한다는 기발한 아이디어로 샴푸를 개발했다. 열이나 햇빛이 갈변효과를 촉진하긴 하지만, 염색이 아닌 발색이라는 자연현상을 이용하기에 흑갈색까지 변하려면 두 달 정도의 시간이 소요된다고 한다. 자연에서 배워야 할 또 다른 점은 기다릴 줄 아는 인내심이 아닐까 한다.

도마뱀의 발가락을 모사한 접착테이프

동남아에 여행을 갔다가 처음 만났던 도마뱀을 잊을 수가 없다. 처음 보는 귀여운 모습 때문만이 아니었다. 벽을 기어 올라가 천장에 거꾸로 붙어있는 도마뱀이 잠자는 사이에 내 얼굴에 떨어지지는 않을까 하는 걱정이 아직도 생생하다. 도마뱀은 어떻게 천장에 붙을 수 있을까?

도마뱀의 발바닥을 현미경으로 자세히 살펴보면(그림 6-7) 길이 100 μm, 지름 10 μm 정도의 뻣뻣한 털 수백만 개가 있고, 각각의 뻣뻣한 털은 다시 수백 개에 달하는 주걱 모양의 가는 털(길이 약 1 μm, 지름 약 200 μm)로 갈라져 있다[5]. 이 굵은 털과 가는 털이 물체의 표면과 접촉할 때 생기는 약한 힘

5 https://commons.wikimedia.org/wiki/File:Geckofot.jpg

그림 6-7 게코 도마뱀의 발바닥을 확대한 구조
출처: Oskar Gellerbrant, Wikimedia Commons

(반데르발스의 힘. 두 개의 물체가 가까울수록 이 힘은 커진다)에 의해 전체적으로 강한 접착력을 발휘하게 되는 것이다. 반데르발스의 힘은 약하지만 어떠한 물질 사이에도 작용하기 때문에 도마뱀은 어떠한 표면에도 달라붙어 있을 수 있다. 하지만 물에 젖게 되면 물 분자가 두 물체 사이에 작용하는 힘을 작게 만들어 달라붙을 수 없다.

이러한 현상을 모방하여 접착제를 바르지 않은 테이프가 개발됐다[6]. 상처에 붙이는 반창고나 테이프는 오랫동안 붙이고 있으면 접착제의 성분 때문에 피부에 문제를 일으키곤 한다. 어떤 물건을 고정하기 위해서 붙이는 접착테이프는 떼어내기도 어렵고 떼어내고 나서 접착제가 물체 표면에 남

6 https://www.nature.com/articles/477042a

아있거나 물체 표면까지 함께 뜯어내서 당황한 적이 있을 것이다. 이러한 문제를 해결할 뿐만 아니라 반복해서 붙였다 떼었다 할 수 있는 테이프를 도마뱀의 발바닥을 참고하여 만들 수 있었다. 도마뱀 발바닥의 미세한 털의 구조를 구현한 인공 털의 표면은 못의 머리 모양으로, 물체의 표면과 반데르발스의 힘에 의해 강력한 접착력을 발휘할 수 있다.

거미줄을 모사한 강력한 섬유 소재

강철보다 강하고 나일론보다 탄력이 높아 인류가 만들어 낸 어떠한 섬유보다도 뛰어난 성질을 가진 거미줄. 그래서 자신보다 훨씬 커다란 나방도 이 거미줄을 이용해 사냥하고 생계를 유지하는 거미. 인류는 오랫동안 징그러운 생김새 때문에 거미를 보면 도망가기 바빴고 우연히 거미줄이 얼굴에라도 붙게 되면 재빨리 떼어내기에 급급했었다.

자연에서 실을 만들어내는 곤충이 또 하나 있는데 바로 누에다. 누에는 누에나방의 유충(애벌레)인데, 뽕잎을 먹고 축적한 단백질, 아미노산, 당으로부터 합성된 액상 실크(비단)를 토해낸다. 한 마리의 누에가 토해내는 실의 길이는 1.5 km나 된다고 한다. 누에는 대량으로 사육할 수 있으므로 비단을 상업화할 수 있었다.

그러나 거미는 까다로운 성질 때문에 대량사육이 불가능하다. 좁은 공간에 놓인 거미는 서로 싸우고 잡아먹으며, 살아있는 먹이만 먹는다. 때문에 거미줄을 비단실처럼 자연에서 대량으로 얻어내기는 힘들다. 과학자들은 거미줄 단백질인 피브로인fibroin의 유전자를 대장균이나 염소 등 다른 생

그림 6-8 거미줄과 실크

물체의 유전체에 집어넣어 생산하는 방법을 개발했다. 그러나 이렇게 만든 인공 거미줄은 진짜 거미줄의 물성을 따라가지 못했다.

지속적인 관찰로 인해 용액 상태의 피브로인이 거미줄이 만들어지는 통로를 빠져나오면서 중성에서 약산성으로 점점 변화하며 이산화탄소의 농도가 높아진다는 것을 발견했다. 아직도 이러한 과정이 거미줄의 강도를 높이는 주된 원인인지는 밝혀지지 않았지만 한 단계 더 자연의 섭리를 알아낸 것이다.

여하튼 거미줄을 모사한 소재를 개발하여 방탄복이나 산업용 케이블 등으로 적용이 이미 시도되고 있다. 단단하고 유연할 뿐만 아니라 인체 적합도가 높아야 하는 임플란트, 인공관절, 그리고 외과 수술용 실을 만들기도 했다. 이를 활용하여 심장의 근육, 피부와 같은 생체 조직도 만들어낼 수 있을 것으로 기대하고 있다.

바이러스를 막는 생체모방소재

코로나 19 바이러스는 체외 배출 후 생존할 수 있는 기간이 공기 중에서 3시간, 천이나 나무에서 1일, 스테인리스나 플라스틱에서는 4일 정도이다. 따라서 만약 감염자가 다중 이용시설을 이용할 경우 간접적인 접촉을 통해 2차 감염이 될 가능성이 크다. 그렇다면 이러한 2차 감염을 막으려면 어떻게 해야 할까?

이러한 목적으로 최근 항균성 및 항바이러스성 소재에 대한 관심이 높아졌다. 엘리베이터 버튼 위에 씌워진 플라스틱 필름을 자세히 본 적이 있는가? '항균 필름'이라고 이름이 붙여진 그 필름의 정체는 구리를 조금 함유하고 있는 플라스틱 필름이다. 구리의 항균 효과는 과거부터 활용됐다. 이집트 파피루스의 기록에 구리 화합물을 이용하여 살균했다는 기록이 있고, 고대 페르시아에서는 식수를 구리 그릇에 저장해야 한다는 법이 있었다고 한다.

구리는 코로나바이러스와 같은 세균과 물리적으로 접촉하면 바이러스 표면에 흠집을 낼 수 있는 반응성 이온을 방출하는 것으로 알려져 있다. 이 이온들은 바이러스 내부로 침투한 뒤, 단백질의 기능에 필수적인 철이나 아연과 같은 금속 성분을 구리로 대체해 대사 작용을 교란시킴으로써 단백질을 손상시키거나 파괴한다. 이러한 금속 이온의 독성 효과는 수은, 은, 철, 납, 백금, 알루미늄 등 여러 금속에서 발견되었고, 이 중에서 살균 효과가 빠르고 인체에 독성이 없는 구리와 은은 우리 실생활에서 많이 쓰이고 있다. 그러나 비록 통제된 분위기에서 구리 표면에 직접 접촉한 코로나 19 바이러스의 생존 시간이 짧아진다는 연구 보고가 있었지만, 과연 플라스틱 필름에 약간 섞어 넣은 구리가 얼마나 효과를 발휘할지는 의심스럽다.

한편 박테리아의 발견 이후 박테리아를 죽이는 데 초점을 맞춘 항생제나 소독제 등을 사람들이 남용하고 오용하면서 박테리아를 더 강하게 만들었다. 이는 결과적으로 기존의 항생제에 내성을 가지는 슈퍼박테리아의 탄생 원인이 됐다. 자연에서 배운 새로운 지식이 기존 접근 방법의 대안을 제공할 수 있다.

새로운 방법은 자연의 표면 형상을 모사한 것인데 바로 상어의 피부와 매미의 날개이다. 상어의 피부는 수백만 개의 미세한 돌기 모양으로 만들어져 있어 박테리아가 달라붙거나 군집화하는 것을 방해한다. 매미의 날개 표면에는 높이 약 200 nm의 매우 뾰족한 바늘 모양이 1 μm당 30~40개 정도 규칙적으로 돋아 있는 것을 발견했다. 만약 박테리아 세포가 매미 날개 표면과 접촉하면, 꽂꽂이에 쓰는 침봉처럼 박테리아 세포를 찔러서 파괴를

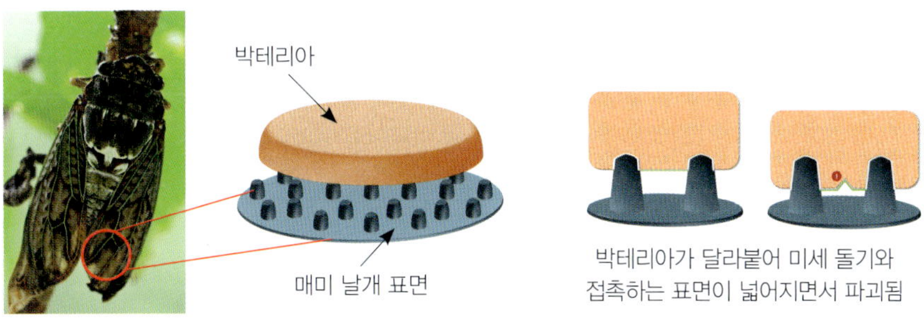

그림 6-9 매미의 날개 표면 구조의 항박테리아 원리

유도하는 것으로 추정하고 있다. 즉, 이는 박테리아를 화학적으로 죽이는 것이 아니라 물리적으로 사멸시키는 방법이다.

실제로 상어의 피부를 모사한 샤크렛 소재[7]와 매미의 날개를 모사한 돌기를 갖는 실리콘 표면[8]이 항균성을 갖는다는 실험적인 효과가 발표된 바 있다. 이러한 표면 구조를 활용한 항균 소재는 반영구적으로 사용할 수 있으며 내성을 가진 병원균 출현을 막는 데에도 큰 역할을 할 것이다.

인공 광합성에 도전하다

소재 자체를 자연에서 배워온 것은 아니지만, 자연에서 발생하는 현상을 모방하기 위해 소재 개발을 촉진한 사례도 있다. 식물의 광합성 반응은 빛의 에너지를 이용해 이산화탄소와 물로부터 산소와 포도당을 만드는 반응으로 잘 알려져 있다. 이를 모방한 인공 광합성은, 태양광을 에너지원으로 이용해 물이나 이산화탄소로부터 연료나 화학물질을 합성하는 기술이다. 인공 광합성 기술은 에너지 문제를 해결함과 동시에 이산화탄소를 줄여 환경을 지키는 차세대 기술로서 각광을 받고 있다.

태양광 발전처럼 태양을 에너지원으로 활용하고자 하는 시도는 인류에게는 피할 수 없는 유혹이다. 한 시간에 지구에 쏟아지는 태양의 에너지를

7 Kenneth Chung et al., Impact of engineered surface microtopography on biofilm formation of Staphylococcus aureus (n.p.: Biointerphases, 2007), 90.

8 Sergey Pogodin et al., Biophysical Model of Bacterial Cell Interactions with Nanopatterned Cicada Wing Surfaces (n.p.: Biophysical Journal, 2013), 838.

다 모으면, 전 세계 인구가 1년 동안 충분히 쓸 수 있기 때문이다. 인공 광합성의 결과물은 화학물질이다. 대표적으로는 물의 분해로 만들어지는 산소 분자와 수소, 수소와 이산화탄소가 반응하여 만들어지는 메탄올 등을 들 수 있다. 태양광 발전으로 발생한 전기에너지는 그대로 저장할 수 없고 축전지를 이용해 화학에너지로 변환해야 한다. 그런데 축전지는 비용이 많이 들고 충·방전 중 에너지의 손실이 발생하는 단점이 있다. 반면에 인공 광합성은 장기간 저장이 가능한 화학물질이라는 장점에 주목할 필요가 있다.

그러나 태양광을 물에 비춘다고 해서 물이 분해되어 산소나 수소가 발생하지는 않는다. 만약 그랬다면 바닷물이나 시냇물이 흐르지 못할 것이다. 안정한 물 분자를 분해하기 위해서는 반응을 촉진하는 촉매 역할이 필요한데, 식물에서는 엽록소가 바로 이런 역할을 한다. 이런 자연적인 촉매 역할을 소재 기술로 해결하고자 한 아이디어의 발로가 인공 광합성이다.

인공 광합성을 일으키기 위해서 가장 중요한 기술은 빛을 흡수하여 반응을 촉진하는 광촉매라는 소재이다. 크게 두 가지의 광촉매가 필요한데, 하나는 광합성의 명반응($2H_2O \rightarrow 4H^+ + 4e^- + O_2$)인 물 분해를 촉진하는 역할이고, 또 다른 하나는 암반응(명반응에서 생성된 수소 이온과 전자가 다른 물질과 만나서 새로운 물질을 만들어 내는 화학반응)을 촉진하기 위한 촉매이다.

명반응에 이용되던 반도체 광촉매의 경우 태양광 에너지의 일부(약 3%)만 차지하는 자외선 파장에서만 반응하는데, 새로운 광촉매 시스템을 이용해 자연 광합성처럼 태양광 에너지의 50%를 차지하는 가시광선을 촉매 작용에 필요한 에너지로 이용할 수 있게 됐다. 이산화탄소 등과 반응하는 암반응에 필요한 촉매도 개발되고 있지만, 아직 실용화에 필요한 에너지 변환 효율인 10%까지는 달성하지 못하고 있어 많은 연구가 필요한 시점이

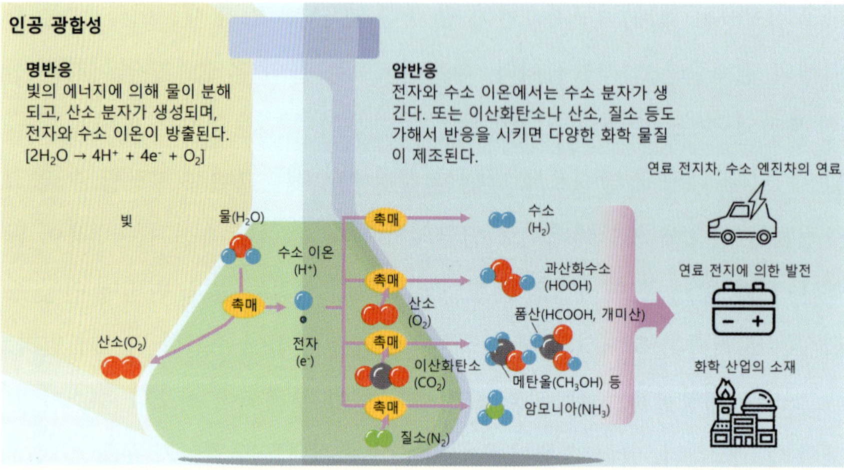

그림 6-10 인공 광합성 모식도

다. 지금은 인공 광합성을 통해 새로운 청정 에너지원인 수소를 만들어 내는 것이 태양광 발전으로 얻은 전기를 이용해 전기분해하는 것보다는 훨씬 효율이 떨어지지만, 차후 인공 광합성 기술이 발전한다면 이러한 용도로의 활용도 충분히 가능할 것이다.

맺음말

생체모방기술Biomimetics은 1969년 미국의 오토 슈미트Otto H. Schmitt에 의해 처음 소개되었고, 1997년 미국의 생물학자 제인 베이어스Janine Benyus의 저서 『생체모방: 자연으로부터 받은 영감에 의한 혁명Biomimicry: Innovation inspired by nature』에 의해 대중화됐다. 물론 생체모방이라는 단어가 생기기

훨씬 이전인 1903년에 라이트 형제가 개발한 비행기와 1942년에 개발된 벨크로도 생체모방을 통해 발명된 제품이란 것은 모두가 잘 알고 있을 것이다.

생체모방기술은 자연계를 자세히 들여다볼 수 있는 전자현미경의 개발이 많은 영감을 주었고, 나노 가공기술의 발달로 마침내 모방을 실현할 수 있게 됐다. 앞으로도 우리 주변의 신기한 자연계를 면밀하게 살펴본다면 생체모방소재는 우리에게 더 나은 미래를 가져다줄 수 있을 것이다.

정리

생체모방소재

- 자연으로부터 영감을 받아 구현된 소재기술
- 구조적인 모방과 화학적인 모방을 통해 발명
- 생체모방 기술은 1400년대부터 새로운 발명의 도구로 사용되었음

구조적인 생체모방소재

- 방수소재: 연잎의 미세 돌기 구조를 이용해 물에 젖지 않는 표면을 모방
- 윤활표면: 식충식물 잎 가장자리의 액체를 머금은 다공성 구조를 모방
- 구조색: 나비 날개 표면의 나노구조에 의한 간섭을 모방
- 접착제가 없는 반창고: 반데르발스 힘을 유도하는 도마뱀 발에 달린 털의 구조를 모방
- 물리적인 항균소재: 박테리아를 찌르는 매미 날개 표면의 돌기를 모방

화학적인 생체모방소재

- 만능 접착제: 홍합의 접착 단백질을 모방한 지혈제
- 발색 샴푸: 식물과 곤충의 갈변현상을 활용한 염색 대체 기술
- 인공 광합성: 식물의 광합성 반응을 모방해 청정 에너지원인 수소를 생산

7

보이지 않게 작지만 똑똑한 나노소재

스케일에 대하여

나노화장품, 나노로봇 등 나노기술이 다가올 미래에 가져올 변화에 대한 보도 자료나 광고를 보면 막연히 이 기술이 작은 물질을 다루는 첨단기술이라는 정도로 생각할 수 있다. 그러나 정작 나노기술과 나노소재가 정확히 무엇이며 일상생활에 어떤 도움을 주는지는 파악하기 어려워 감으로 넘겨짚을 수밖에 없다. 그 크기scale가 눈으로는 보이지 않아 실체를 알 수 없기 때문이라는 것이 가장 큰 이유이다.

크기에 대한 훌륭한 단편영화가 있다. 1977년 제작된 9분짜리 영상인데, 제목은 'Powers of Ten'이다[1]. 번역하면 '10의 제곱들'이라는 뜻이다. 미국 시카고의 호숫가에 맑은 날 소풍에 간 남녀를 시작으로 보여주는 크기(길이)를 매 10배로 키워나가면서(10배씩 축소하면서) 변화되는 모습을 보여준다. 점점 스케일이 커지면서 태양계, 은하계를 지나쳐서 10^{24} m까지 다다른

1 https://www.youtube.com/watch?v=0fKBhvDjuy0

다. 이후 다시 줄어들어 호숫가에 누워있는 남자의 손을 비추게 되고 그 안으로 들어간다. 10^{-7} m 정도로 작아지면 DNA의 이중나선 구조[2]가 보인다. 10^{-9} m 정도 되면 수소(H) 원자와 탄소(C) 원자의 결합 상태가 보이게 된다. 10^{-11} m에서는 전자가 보인다. 10^{-16} m가 되면 소립자의 세계를 거쳐 아무것도 보이지 않게 된다. 거시계나 미시계의 끝은 알 수 없는 불가지不可知의 세계이다! 백문이 불여일견이니 이 영화를 감상해 보시라. 유튜브에서 검색하면 금방 찾을 수 있다.

표 7-1은 크기의 단위를 보여준다. 언제, 누가 붙였는지 모르지만, 그리스-로마권과 한자권에서 이미 거시나 미시의 단위들에 대해 이름을 붙이고 있다. 우리 몸의 길이는 약 1 m(= 10^{0} m)이며, 원자, 분자 수준의 길이는 대략 10^{-9} m(= 1 nm, 1 나노미터) 정도이다. 이로써 나노소재의 정의는 '1 nm ~ 100 nm 정도 크기의 소재'가 되며, 이렇게 눈에 보이지 않을 정도로 작은 소재들을 다루는 기술을 나노기술nanotechnology이라고 한다.

자연적인 사물과 인공적인 사물의 크기를 비교한 것이 그림 7-1에 나타나 있다. 나노미터의 세계를 보면 원자의 크기가 약 0.1 nm 정도이고, DNA의 크기(지름)가 이것의 10배인 대략 1 nm 정도이다. 인공적으로 만든 나노구조로 잘 알려진 탄소나노튜브[3]도 그 지름이 대략 1 nm이다. 초고집적 반도체 회로의 최소 선폭과 생명체에 에너지를 공급하는 엔진 같은 역할을 하는 ATP라는 유기화합물 분자의 지름은 대략 10 nm이다. 나노미터보다 더 큰 마이크로미터(μm) 세계를 보자. 1 마이크로미터는 1 나노미터의

---

2 https://ko.wikipedia.org/wiki/DNA

3 탄소나노튜브carbon nanotube, CNT는 탄소(C) 원자 6개가 모여 한 층 두께로 말려서 튜브 형상을 갖는 탄소 동소체이다.

표 7-1 크기의 단위

10^n	접두어	기호	배수	십진수
10^{24}	요타(yota)	Y	자	1 000 000 000 000 000 000 000 000
10^{21}	제타(zetta)	Z	십해	1 000 000 000 000 000 000 000
10^{18}	엑사(exa)	E	백경	1 000 000 000 000 000 000
10^{15}	페타(peta)	P	천조	1 000 000 000 000 000
10^{12}	테라(tera)	T	조	1 000 000 000 000
10^{9}	기가(gaga)	G	십억	1 000 000 000
10^{6}	메가(mega)	M	백만	1 000 000
10^{3}	킬로(kilo)	k	천	1 000
10^{2}	헥토(hecto)	h	백	1 00
10^{1}	데카(deca)		십	1 0
10^{0}			일	1
10^{-1}	데시(desi)	d	십분의 일	0.1
10^{-2}	센티(centi)	c	백분의 일	0.01
10^{-3}	밀리(mili)	m	천분의 일	0.001
10^{-6}	마이크로(micro)	μ	백만분의 일	0.000 001
10^{-9}	나노(nano)	n	십억분의 일	0.000 000 001
10^{-12}	피코(pico)	p	일조분의 일	0.000 000 000 001
10^{-15}	펨토(femto)	f	천조분의 일	0.000 000 000 000 001
10^{-18}	아토(atto)	a	백경분의 일	0.000 000 000 000 000 001
10^{-21}	젭토(zepto)	z	십해분의 일	0.000 000 000 000 000 000 001
10^{-24}	욕토(yocto)	y	일자분의 일	0.000 000 000 000 000 000 000 001

1,000배이다. 적혈구와 같은 세포들의 크기가 10 μm 정도이다. 우리 머리카락의 지름은 대략 100 μm이다. 따라서 DNA는 머리카락 지름의 1만 분의 1 크기이다.

사람이 눈으로 식별할 수 있는 크기는 100 μm 정도라고 한다. 따라서 적혈구를 맨눈으로는 구분하기 어렵다. 1 nm 길이를 비유로 들자면 서울서 부산까지 거리를 1 m라고 할 때 새끼손가락 길이 정도이다. 달리 지구의 크기가 1 m라면 축구공의 크기가 1 nm 정도가 된다. 그렇다면 우리는 이

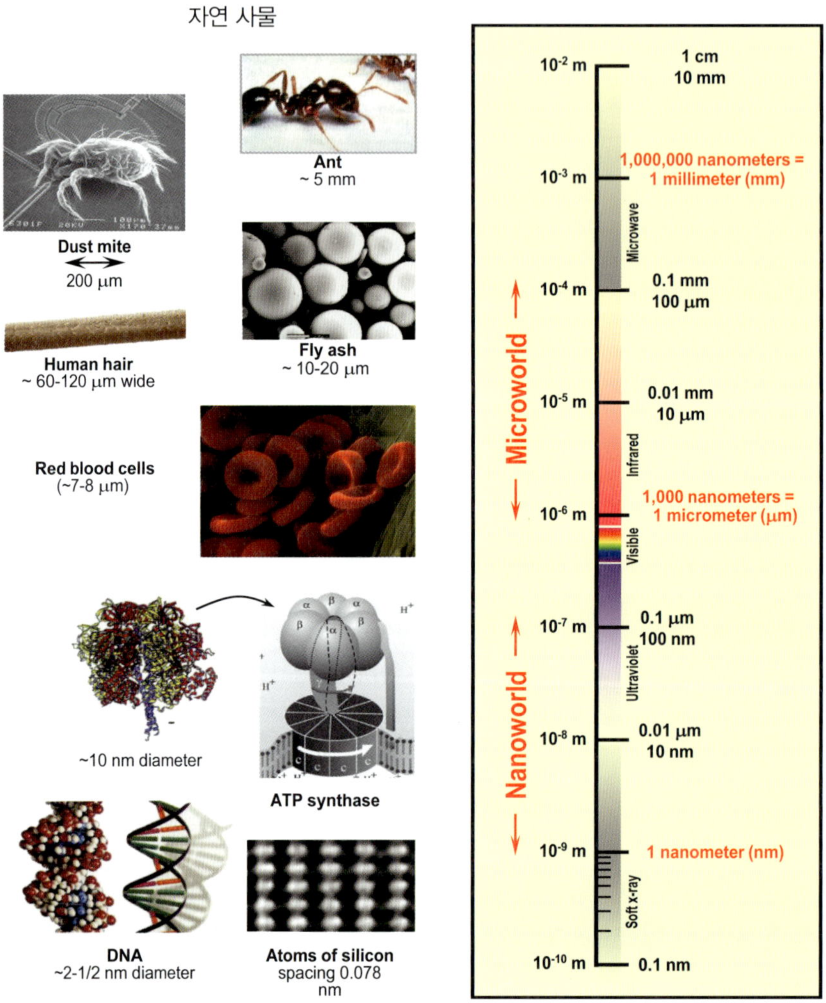

그림 7-1 사물의 크기에 관한 자연적인 사물과 인공적인 사물의 비교(계속)

인공 사물

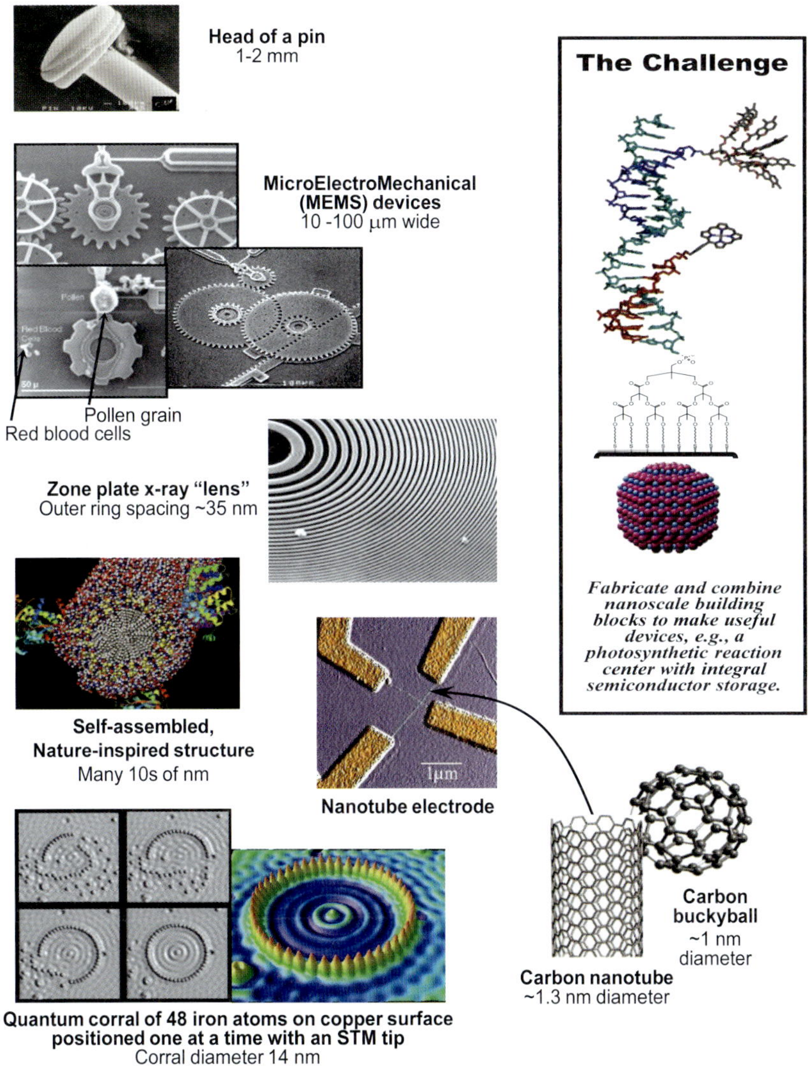

그림 7-1 사물의 크기에 관한 자연적인 사물과 인공적인 사물의 비교

출처: 미국 에너지성 기초에너지과학국

처럼 눈에도 보이지 않은 정도로 작은 세계에 왜 관심을 가져야 할까?

어떻게 작게 만드나?

이유를 설명하기에 앞서 나노소재를 어떻게 인공적으로 구현할 수 있는지를 소개하고자 한다. 나노구조(또는 나노소재)를 제조하는 방법은 두 가지를 생각할 수 있다. 첫 번째 방법은 큰 덩어리bulk를 잘게 쪼개어 작게 만드는 하향식top-down이다. 가장 쉽게는 기계적 마멸을 이용해 잘게 분쇄하는 방법attrition으로 볼밀ball mill법이 있다. 원통 속에 연마제로 강철 공을 넣고 갈고자 하는 원료를 넣은 다음 원하는 크기가 얻어질 때까지 계속 돌린다. 이후 생성된 입자를 필터로 분리하고 회수한다. 볼밀법을 이용하면 간단한 장치로 나노입자를 제조할 수 있다는 장점이 있다. 반면 이는 에너지를 많이 소모하는 공정으로, 이 방법으로 만들어진 나노입자는 크기 분포가 넓고(수십에서 수백 nm) 입자 형상이 고르지 못하며, 밀링 과정에서 입자에 결함이 생기거나 불순물이 들어갈 수 있다는 단점이 존재한다.

또 다른 대표적인 하향식 공정으로 반도체 집적회로 같은 소자의 미세화에 사용되는 노광공정lithography을 들 수 있다[4]. 이 방식은 마치 조각칼로 큰 덩어리의 돌을 쪼아 작게 어떤 형상을 제작하는 것과 같다. 노광공정은 실리콘 같은 기판에 박막을 입히고 그 위에 광감응제인 포토레지스트photoresist를 도포한 후, 집속된 광 에너지를 쪼여주는 일련의 공정이다. 광

4 2장 '반도체 제조공정과 EUV 노광기술' 참고

원 근처에 미리 제작할 패턴이 그려진 마스크mask를 놓아 빛이 통과되게 하여, 빛이 닿은 부분만 화학반응이 일어나 포토레지스트를 굳힌다. 이후 굳어지지 않은 부분을 제거하면 미세한 선폭을 갖는 패턴을 얻게 된다. 이러한 일련의 과정들을 계속 반복하여 원하는 나노구조를 얻을 수 있다. 이 방식은 광원의 파장에 따라 나노구조의 크기가 결정되는 한계가 있으며, 미세화에 필요한 장비들이 고가이다. 현재 반도체 제조사에서 10 nm 이하의 패턴 제작에 쓰이는 네덜란드 ASML사의 극자외선 노광장비의 경우, 대당 가격이 2000억 원을 호가할 정도이다.

반면 상향식bottom-up 기술은 마치 레고Lego 완구로 블록을 하나씩 쌓아 나가듯이 나노소재의 형상과 구조를 만드는 방식이다. 단백질을 이용하여 세포를 형성하고, 세포들이 모여 장기와 기관이 형성되며, 궁극적으로 사람이 되는 자연적인 이치와 같다. 상향식 기술은 이와 같은 화학적, 생물학적 성장 원리를 이용하여 스스로 성장 속도를 제한하거나, 주형틀template 내에 쇳물을 부어 굳히는 것처럼 나노 구멍이 있는 틀을 이용하여 원하는 크기의 나노구조를 제조할 수 있다. 이 방식을 이용하면 낮은 제조가로 원하는 나노구조를 제작하기 쉬우나, 생성된 나노구조들을 움직이거나 제어하기가 어려워 미세 소자로 적용하기에는 한계가 있다.

최근에는 하향식과 상향식 나노기술 각각의 장점을 조합하여 전자소자 또는 센서를 만들려는 연구개발 노력이 진행 중이다.

왜 나노기술인가?

집적회로의 경우처럼 미세공정에 힘입어 초고집적화 회로를 만들면 같은 면적의 칩에 더 많은 반도체 소자를 탑재할 수 있다. 즉, 칩을 더 적게 사용해도 되므로 생산비용을 절감하고, 제품의 크기도 줄일 수 있다. 이렇게 큰 사물을 작게 만들 수 있는 것이 과연 나노기술의 유일한 이점일까? 아니다. 나노기술의 가장 큰 매력은 나노 크기에서 나타나는 독특한 물성의 출현에 있다.

나노기술의 대표적인 적용사례인 양자 레이저의 경우, 크기 구속으로 인해 밴드갭이 증가한다. 밴드갭이 증가하면 더 짧은 파장(더 큰 에너지)의 레이저를 얻을 수 있다. 이 외에도 표면 전자 분극에 따른 표면 플라즈몬 공

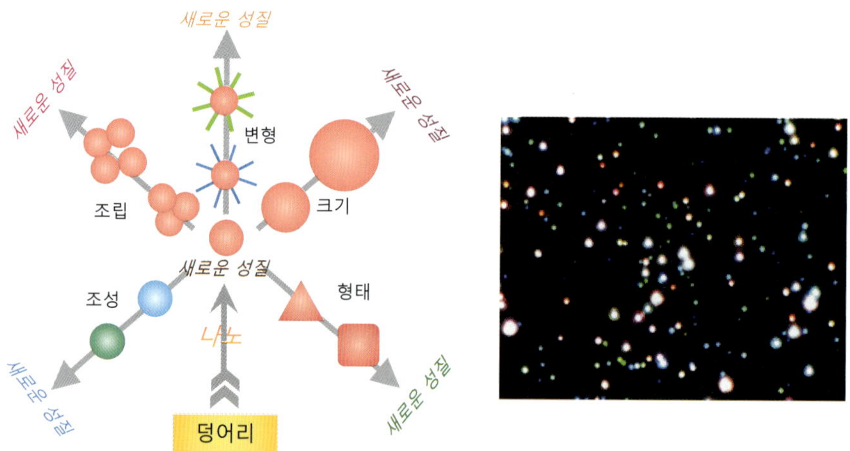

그림 7-2 형상, 크기, 조성에 따라 다르게 나타나는 나노소재의 특성(왼쪽), 실제 은 나노입자의 사례(오른쪽)

출처: 서울대학교 화학과 남좌민 교수

명, 표면 에너지가 보자력을 극복하며 자화의 무질서도가 증가하는 초상자성 현상, 결정결함이 제거되어 향상된 기계적 특성, 강력하게 향상되는 촉매 특성 등 기존 크기(bulk scale)에서는 볼 수 없었던 신 물성new properties이 발현된다. 이처럼 나노소재의 크기, 형상, 조성, 표면 등을 바꿔주면 새로운 색상은 물론 독특한 물성을 얻을 수 있다. 그림 7-2는 은銀, silver(Ag) 나노입자의 사례이다.

나노미터 크기의 소재들은 새로운 물리, 화학적 현상이 발현되어 새로운 응용을 창출하게 되며, 궁극적으로 이를 활용한 소자나 시스템의 성능과 효율을 높이는 데 유용하다. 즉, 나노기술(NT)이란 나노소재 또는 나노구조의 설계, 제조 및 응용에 관한 것으로, 물리적 특성과 소재의 크기 간의 상호작용에 대한 기본적인 이해에 바탕을 두고 있다(그림 7-3).

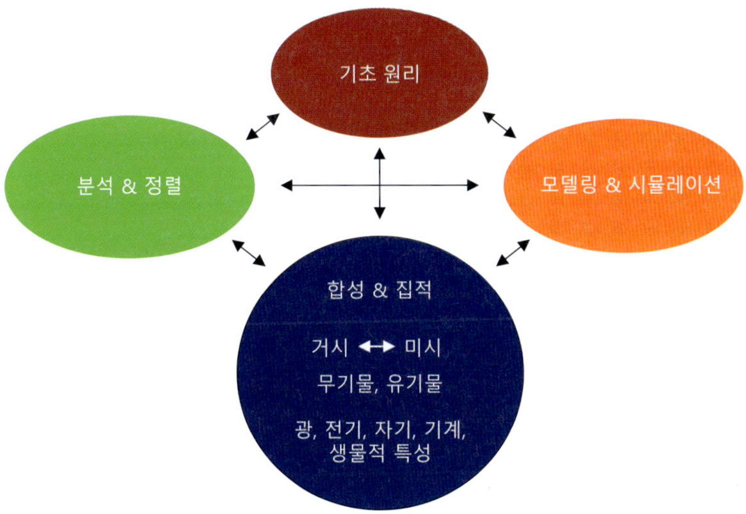

그림 7-3 나노기술의 영역별 관계도

NT에서 중요한 요소는 균일한 분포, 화학적 조성, 결정성을 갖는 나노구조를 확보하는 것이다. 보다 구체적인 달성 목표로는 (1) 제조법, (2) 크기, 모양, 구성 및 결정도의 제어 수단, (3) 저렴한 비용으로 대량 생산, (4) 다른 프로세스와 통합할 수 있는 능력, (5) 거시적 시스템에 통합할 수 있는 능력 등이 있다. 21세기 들어 NT의 비약적인 발전, 특히 나노구조를 관찰할 수 있는 수단이 발전하면서 (1)~(3)에 대한 방법들이 고안됐다. 나노소재가 더욱 그 효용성을 발휘하기 위해서는 (4)~(5)에 해당하는 통찰과 연구개발이 가속화되어야 한다. 나노소재 그 자체의 활용 범위보다 눈에 보이고 범용적으로 사용되는 전자소자, 센서, 의료기기와 같은 거시적 시스템에 융합되었을 때 시스템의 성능과 효율을 높이고, 부가가치가 더욱 상승하기 때문이다.

나노입자를 태양전지 표면에 코팅하여 태양광의 흡수효율을 높이거나, 웨어러블 기기의 전도성을 높일 수 있다. 그리고 밀리미터파를 흡수하여 스텔스 기능을 부여할 수도 있다. 이외에도 여러 나노소재를 벌크 소재와 복합화하여 기존의 소재에는 없는 부가 기능들을 얻을 수 있다. 또한, 생체 나노소재를 3D 프린팅의 잉크로 사용하여 장기를 제작하는 데에도 활용할 수 있다. 즉, NT는 원자, 분자 구조의 물질을 움직여 근본적으로 새로운 분자적 조직을 가진 더 큰 구조물을 만드는 능력과 신기능에 의한 가치의 상승을 가져오는 근간 기술이라고 볼 수 있다.

한 가지 예를 들어보자. 그림 7-4는 금金, gold(Au)과 같은 어떤 물질의 차원에 따른 전자의 에너지 상태를 나타내고 있다. 벌크(또는 3차원) 상태에서 전자의 에너지는 연속적인 분포를 보인다. 금괴가 번쩍번쩍 빛나는 이유이다. 만약 금의 크기를 작게 만들어서 차원이 2D, 1D로 줄어든다면 연속적인 에너지 분포가 점점 불연속적으로 변화됨을 알 수 있다. 더욱 작게 만들어 0D, 즉 나노입자 수준이 되면 에너지 상태는 완전히 분리된 상태로 변하며, 이를 양자화quantized됐다고 한다. 이러한 에너지 상태 사이에 갭gap이 생기면 도체가 반도체와 같은 특성을 갖게 된다.

금 나노입자의 경우 그 색이 더 이상 황금색이 아닌 보라색 또는 적색으로 변하게 된다. 그림 7-5는 금의 크기에 따른 색상 변화와 부가가치의 상승 사례이다. 용액에 분산된 두 가지 금 나노입자 중에 보라색을 띠는 입자보다 적색을 띠는 입자의 크기(지름)가 약간 더 크다. 금괴gold bar 형태의 순금은 시세[5]의 변동이 있지만 g당 가격이 $50~60(약 6만 원) 정도이다. 이러

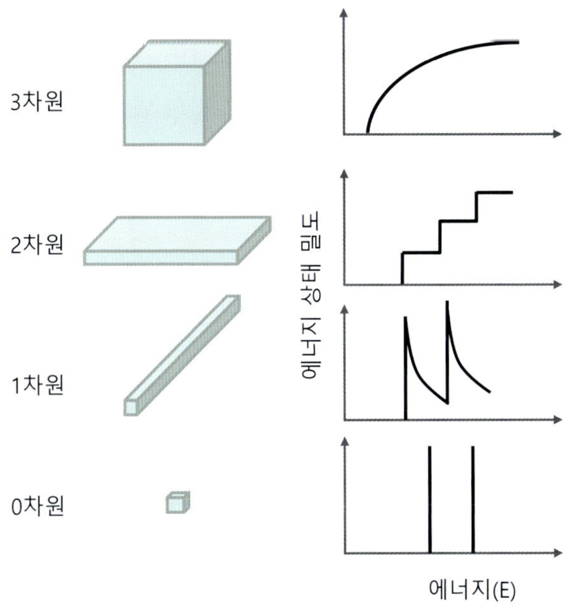

그림 7-4 차원에 따른 소재의 에너지 상태

5 https://goldprice.org/. 순금은 통상 24K로 표시하고 그 순도는 99.99%이다. 18K 금은 75%만 순금이고 나머지는 주로 은이 포함되어 있다.

금괴(~$50/g)

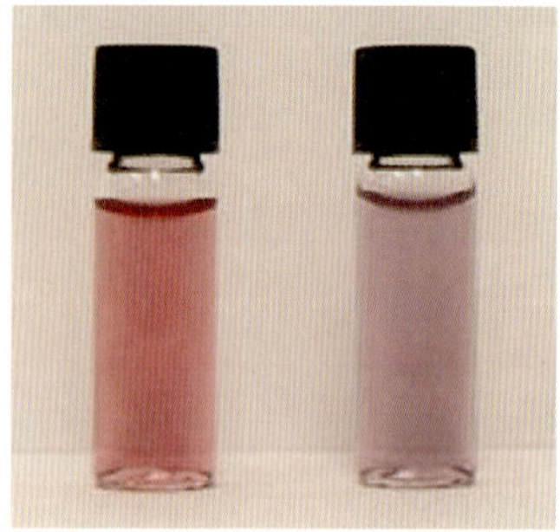

금 나노입자(~$80,000/g)

그림 7-5 금의 크기에 따른 색상과 가격의 변화

한 금을 화학적 합성으로 나노입자로 제조한다면 크기에 따라 다르겠지만 g당 약 $80,000/g(약 9천만 원)으로 그 부가가치가 무려 1,500배 정도 상승한다! 이러한 금 나노입자는 현재 코로나 항원 검사[6]를 비롯하여 인플루엔자, B형 간염, 노로바이러스 등 많은 신속 면역진단 키트 등의 다양한 바이오메디컬 분야에 활용되고 있다.

그림 7-6은 현장 검사에 쓰이는 신속 면역진단 키트를 보여주고 있다. 침, 오줌, 피 같은 체액 내 존재하는 질환 항원을 검출하기 위하여 항원-항체 결합 면역반응을 활용한다. 체액 시료를 이미 알려진 1차 항체와 금 나노입자로 처리된 흡수 패드에 흘려보내면 면역반응에 의해 항원-항체 결합 반응이 일어난다. 항원-항체 복합체는 모세관현상에 의하여 다공성 나이트로셀룰

6 사이어스타임즈 2020.06.16 기사에 의하면 미국 메릴랜드 의대의 디판잔 판 박사팀은 금 나노입자를 이용해 코로나19를 10분 만에 진단할 수 있는 키트를 개발했다. 한편, 이스라엘 벤구리온대학 연구진은 버스나 기차, 공항, 학교, 의료시설 등과 같은 공공장소에서 코로나19의 감염을 예방할 수 있게끔 표면을 코팅할 수 있는 새로운 항바이러스 나노입자를 개발했다.

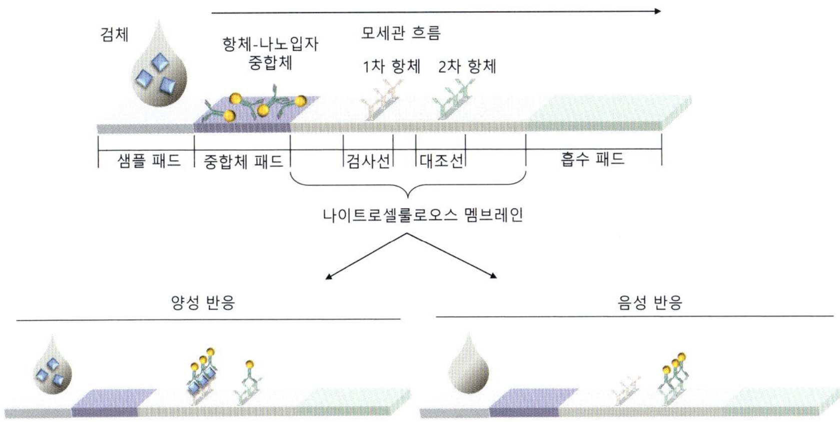

그림 7-6 신속 면역진단 키트의 작동 원리

로스(종이) 막을 지나 흡수 패드로 흘러가게 된다. 항원-항체 복합체는 2차 항체와 또 다른 면역반응을 일으키고 항체-항원-항체 복합체를 형성하며, 마침내 육안으로 보이는 띠를 나타낸다. 신속 진단키트는 1980년대 중반부터 임신 진단 테스트, HIV, HBsAg 테스트 등이 상품화됐다. 검사 시간이 10분 이내이며, 특별한 장비와 전문 인력이 불필요하다. 미량의 검체로도 감염 여부를 알 수 있도록 민감도가 높고 가격경쟁력을 확보하는 것이 관건이다.

기록을 보면 영국의 과학자 마이클 패러데이Michael Faraday는 1857년 영국 왕립학회보에 발표한 논문에서 금과 빛의 관계에 대한 실험적 고찰을 발표했다. 패러데이는 전자기학과 전기화학에 많은 발자취를 남긴 과학자이다. 이 논문에서 패러데이는 염화금을 인(P)으로 환원시킨 금 콜로이드colloid를 사용했다. 술처럼 용질solute이 용매solvent에 완전히 녹아있는 용액solution 상태와 달리, 콜로이드는 작은 입자들이 용매에 분산되어 있는 상태를 의미한다. 대표적인 것으로 우유가 있다. 패러데이는 당시 궁금증이었던 금 콜로

이드가 적색(루비색)을 띠는 이유가 금 나노입자가 빛을 산란시키기 때문이라고 밝혔다. 이후 많은 합성법이 연구되었으며, 금 나노입자는 미시의 세계를 관찰할 수 있는 전자현미경의 발전과 생명과학 분야에 이바지했다.

나노과학의 발전으로 인해 다양한 크기와 형태의 금 나노입자를 합성할 수 있게 되면서, 금의 활용범위가 다양해지고 있다. 금 나노입자를 쉽게 합성하는 대표적인 방법은 용액에서 금속염을 환원시키는 방법이다. 1940년대부터 금속 콜로이드를 생성하는 가장 널리 실행되는 방법은 화학적 환원제로 수용성 금속염을 환원시키는 것이다. 금 나노입자의 경우, 염화금산($HAuCl_4$)에 구연산을 환원제로 첨가한다. 두 물질은 모두 물에 용해된다. 섞어주고 가열하면 금염이 환원되어 몇 분 동안 금 나노입자가 형성된다. 반응이 진행됨에 따라 혼합물은 콜로이드 금을 나타내는 맑은 붉은색으로 변한다. 쉽게 나노입자를 합성할 수 있어 과학실험으로 흔히 사용된다[7]. 반응식은 다음과 같다.

$$2HAuCl_4 + 3Na_3C_6H_5O_7 \rightarrow 2Au + 3Na_2C_5H_6O_5 + 3NaCl + 5HCl + 3CO_2 \quad (1)$$

NT의 도전과제는 무엇인가? 나노미터 크기의 영역은 잘 보이지 않고, 그 특성을 측정하기 어려운 미시의 영역이다. 하나의 나노구조를 현재 위치에서 다른 위치로 손쉽게 옮길 수 있는 수단은 없을까? 과거와 다른 새로운 개념의 연구 도구들이 필요하다. 나노소재가 갖는 내재적 단점들도 있다. 예를 들어, 순수한 실리콘에 붕소(B)나 인(P)과 같은 불순물을 소량 넣으면

7 Making the Colloidal Solution. https://www.engr.psu.edu/mediaportal/flvplayer.aspx?FileID=77d319f8-8c57-488a-97cb-5

전자나 정공의 흐름이 좋아진다(도핑이라고 함). 그러나 나노소재는 결정결함이 거의 없기 때문에 불순물을 주입하여 물성을 변화시키기 어렵다. 또한 어떤 새로운 물성이 나타날지 예측하는 것이 어렵다. 게다가 나노기술에서는 표면 에너지가 매우 큰 소재들을 다루는데, 이 소재들은 제조와 보관이 어렵다.

응용 측면에서 단일 나노입자는 산업적인 쓸모가 부족하다. 앞서 언급한 것처럼 나노입자들을 어떻게 하면 거시적 시스템에 집적하여 사용할 수 있을지에 관한 방안과 접근방안을 찾는 것이 중요하다.

Seeing is believing

나노소재나 구조는 그 크기로 인해 육안이나 광학현미경으로 보이지 않는다. 성서의 요한복음 20장 29절에 "보지 않고도 믿는 사람은 행복하다"는 구절도 있지만, 사물의 세계에서는 보이는 것이 연구자들에게 믿음을 준다. 사물을 보는 대표적인 도구가 바로 현미경microscope이다.

그림 7-7에는 현미경 발전의 역사가 나타나 있다. 1608년 네덜란드의 안경 제작자였던 한스 리페세이에 의해 망원경 발명되었고, 이후 1665년 로버트 훅이 조명장치를 고안·개량한 현미경으로 세포 구조를 발견했다. 20세기 들어 1933년 에튼스투 루스카가 전자현미경을 발명하였고, 이후에도 투과전자현미경과 로렌스 버클리 연구소의 1.5 MeV의 전자현미경 등으로 발전됐다.

그 후 물질의 표면 특성을 원자 단위까지 측정할 수 있는 새로운 개념의

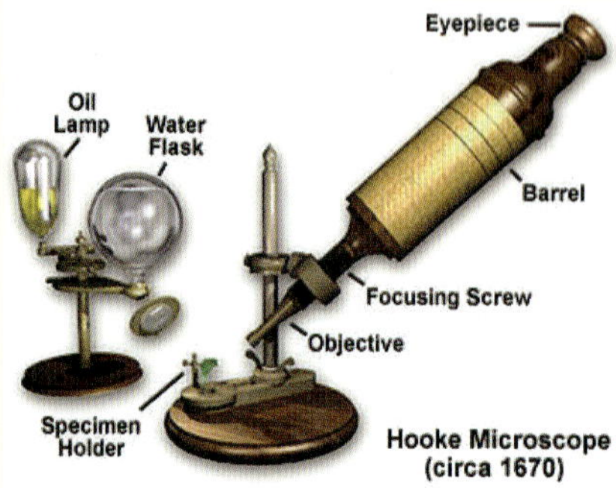

1608 한스 리페세이
1665 로버트 훅

1933 에른스투 루스카

1981 로러 & 비니히

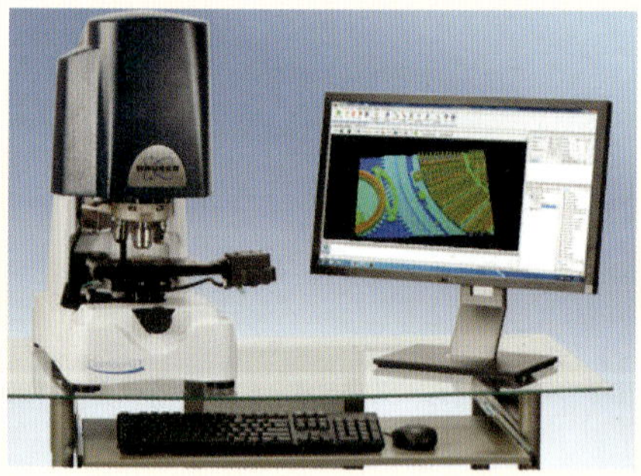

그림 7-7 미시의 세계를 관찰할 수 있는 현미경들

현미경을 총칭하는 프로브 현미경SPM, Scanning Probe Microscopy의 역사가 시작됐다. 프로브 현미경을 사용하면 부도체 시료의 측정 및 물질의 형상 이외에 다른 특성들도 측정할 수 있다.

1981년 IBM 스위스 연구소의 H. 로러와 G. 비니히는 처음으로 개발된 프로브 현미경인 주사터널링현미경(STM)을 발명했다. 주사터널링현미경의 탐침은 전기 화학적으로 에칭etching시킨 뾰족한 텅스텐 팁으로, 그 끝이 매우 뾰족하여 팁 끝부분에는 원자 몇 개만이 있게 된다. 이처럼 예리한 바늘에 고온에서 강한 전기장을 가해주면 더욱 예민하게 만들 수 있다. 이렇게 만든 팁을 전도체인 시료 표면에 0.5 nm 정도의 간격으로 접근시키면 양단간에 걸린 전압에 의해 터널링tunneling 현상이 일어난다. 수사터널링현미경의 탐침과 시료 사이의 간격이 멀어지면 전자의 터널링 확률이 급격히 낮아지며 전류가 크게 줄어들기 때문에 세밀한 거리 조절이 필수이다. 탐침은 압전 세라믹piezo-ceramic으로 만들어진 스캐너에 의해 상하, 좌우, 전후로 움직일 수 있게 되며, 이 스캐너는 0.01 nm 이상의 정밀도를 가지고 있다. 탐침을 통해 흐르는 전류가 일정한 값이 되도록 탐침의 높이를 조정하면서 스캔하는 동안 탐침이 시료 위를 저공비행하듯이 따라가게 되는데, 이때 각 지점에서 탐침을 상하로 움직여준 값을 기록한 수치를 컴퓨터 화면에 밝기로 나타내면 시료의 지형을 나타내는 사진이 된다. 이 사진은 시료를 위에서 본 형상뿐만 아니라 각 부분의 굴곡도, 단면도, 입체도 및 각종 통계자료를 얻을 수 있다. 단, 터널링이 일어나려면 시료가 도체여야 하므로 주사터널링현미경으로 관찰할 수 있는 시료는 도체로 한정된다.

그로부터 1년 후 1982년 스탠포드대 캘빈 퀘이트 교수는 더 범용성이 높고 진공이 필요 없는 원자힘현미경(AFM)을 개발했다. 원자힘현미경은 주사터널링현미경이 도체 표면의 원자 상에서만 측정할 수 있다는 한계를 극복하기 위해 새롭게 고안된 장비이다. 원자 지름의 수십 분의 1까지 측정할 수 있고, 배율은 최고 수천만 배까지 가능해서 원자 하나하나까지 상세하게 볼 수 있으며, 시료의 전기적, 물리적 성질까지도 측정할 수 있다. 앞서 언급했다시피 주사터널링현미경은 텅스텐 탐침을 사용하는데, 원자힘현미경은 직접회로 제조기술을 이용한 마이크로 머시닝으로 작은 막대 형태의 캔틸레버cantilever를 제조하여 사용한다. 원자힘현미경은 이후 1986년에 직접적인 연구 수행이 가능한 범위까지 발전하였고, 1989년부터는 상업용 AFM이 출시되어 현재까지 많은 연구에 깊이를 더해주고 있다.

이처럼 전자현미경과 STM은 나노기술 발전에 필수적인 도구로 자리매김했다. 1986년 노벨물리학상은 루스카, 비니히와 로러에게 수여되었는데, 수상하기까지 루스카는 53년, 비니히와 로러는 5년이 걸렸다. 그만큼 STM의 발명은 가히 혁신적이었다고 말할 수 있다.

나노기술의 본격적인 전개

2000년 초 당시 미국 대통령인 빌 클린턴은 한 연설을 통해 나노기술 연구개발에 불을 붙였다[8]. 1월 21일 캘리포니아공과대학에서 연설하면서 회계연도의 주요 과학기술정책과 연방 예산을 발표하던 중, 그는 '강steel보다 강도가 10배 이상이면서 작은 소재, 국회도서관의 모든 정보를 각설탕만 한

8 약 50분의 동영상 https://archive.org/details/capsca_000199.

크기에 저장할 수 있는 칩, 그리고 수 개의 세포로 암을 진단할 수 있는 기술'을 언급하고, "그러기에 미국 정부에게는 나노기술 개발을 추진해야 하는 책무가 있다"라고 일갈했다. 그러면서 국가나노기술전략NNI, National Nanotechnology Initiative을 추진하는 데 의회에 5억 달러의 연구개발비 승인을 요청했다. 이 인상적인 연설은 나노기술을 미국뿐만 아니라 세계적으로 알리는 데 크게 이바지했다.

뉴밀레니엄이 시작된 시기라 클린턴 대통령의 연설은 유머로 시작했다. 이 유머에서는 새천년을 시작하면서 하느님이 선물로 지난 세기 최고 과학자인 아인슈타인을 지구로 다시 돌려보냈다. 아인슈타인의 대중 과학 강연을 듣던 사람 세 명이 강연장 앞으로 돌진하여 이목이 쏠렸다. 아인슈타인은 첫 번째 사람에게 물었다. "당신의 IQ는 얼마입니까?" 그 남자는 "240이요"라고 답하였고, 아인슈타인은 "그럼 상대성이론에 대해 토의해 봅시다"라고 했다. 두 번째 사람이 다가오자, 아인슈타인은 다시 "당신의 IQ는 얼마입니까?"라고 물었다. 두 번째 남자는 140이라고 답하였고, "그럼 지구온난화로 초래된 기후변화에 대해 논의해 봅시다"라고 했다. 마지막으로 세 번째 사람이 다가왔다. 마찬가지로 IQ를 묻자 40이라고 답했다. 그랬더니 아인슈타인의 답은 "그럼 정치나 하시오"였다. 이런 유머를 통해 부통령이면서 과학기술에 조예가 깊었던 앨 고어를 치켜세우고, 자신은 낮춘 것이다.

연설 내용은 과학기술이 사회에 미치는 영향뿐만 아니라 고등교육과 걱정 없이 공부할 수 있는 학생대출금의 지원 같은 모든 범위에 관한 것으로, 끝맺음은 과학기술이 인류를 위해 쓰여야 한다는 것이었다. 특히 외국에서 온 과학자들을 환영한다는 말이 인상적이었다. 법률을 전공한 대통령이 과학기술 전반에 관심을 두고 이해하고 연설할 수 있다는 사실만으로도 대단하다고 생각한다. 이것이 과학기술 선진국의 면모가 아닐까 싶다.

이후 2003년 미국 조지 부시 대통령은 의회가 제출한 '21세기 나노기술 연구개발법'에 서명했다. 미국의 국가나노기술전략(NNI)은 2000년 수립되어, 현재까지 연간 10억 달러 이상을 투자하며 성공적으로 추진되고 있다[9]. 우리나라 역시 2002년 나노기술개발촉진법을 제정하여 국가적으로 나노기술의 육성 및 발전을 꾀하고 있다[10]. 이 법이 정의하는 나노기술은 '나노미터 크기의 범주에서 조작·분석하고 이를 제어함으로써 새롭거나 개선된 물리적·화학적·생물학적 특성을 나타내는 소재·소자 또는 시스템을 만들어 내는 과학기술'이다. 이 법에 따라 5년마다 발전 계획을 수립하고 있다.

나노소재의 특징

나노소재의 특징은 내부 대비 표면에 원자가 많이 분포되어 있고[11], 표면에너지가 크며, 공간적으로 구속되어 있고, 결정결함이 적다. 이러한 특징들은 나노소재가 에너지적으로 불안정한 상태임을 의미한다. 그림 7-8은 고분해능 투과전자현미경으로 촬영한 단일 나노입자를 보여준다. 이 입자

---

9 나노기술 연구개발법은 3년마다 국립과학원(NAS)의 국가연구위원회(NRC)와 협정을 체결하여, NNI 계획의 추진상황을 심사할 것을 명시화하고 있다. 법률로 지정한 심사항목은 (1) NNI 연구사업에 대한 평가(연구사업의 기술적 성취도, 부처 간, 학제 간 프로그램의 관리와 조정, 부처별 연구개발비 및 목표 달성수준 등), (2) 나노기술 개발로 인하여 우려되는 분자 자기조립기술의 가능성에 관한 진단, (3) 나노기술개발의 책임성에 관한 연구 등이다.

10 국가나노기술정책센터 https://www.nnpc.re.kr/

11 달리 '비표면적이 넓다'라고도 표현할 수 있다.

그림 7-8 고분해능 투과전자현미경(TEM)으로 관찰한 나노입자 사진. 코어인 산화철과 쉘인 산화아연의 격자구조가 보인다. 전자현미경 분석에서는 옹스트롬 단위(1 Å=0.1 nm)를 오랫동안 쓰고 있다.

는 산화철(Fe_3O_4) 코어와 산화아연(ZnO) 쉘로 합성한 코어-쉘 나노입자이다. 지름은 대략 10 nm 정도이며 이 중 코어의 지름은 8 nm이다[12]. 입자 내부에 보이는 작은 점들이 원자의 위치를 보여준다. 결정결함이 거의 없는 단결정 형태이어서 나노결정nanocrystal이라고 불린다.

모든 사물은 에너지가 큰 불안정한 상태보다는, 에너지가 작은 안정적인 상태로 가려는 경향이 있다. 따라서, 에너지가 큰 불안정한 상황에서는 구동력과 같은 추가적인 힘을 이용해서 상태를 안정화해야 한다. 예를 들어, 육면체 부피를 갖는 소금(NaCl) 결정이 있을 때, 이를 둘로 나누고자 하

12 H. Liu et al., Materials Reserch Bulletin 48, 551-558 (2013). https://doi.org/10.1016/j.materresbull.2012.11.051

면 에너지가 필요하다. 이런 에너지를 표면 에너지라고 하는데, $\gamma = 1/2(N_bN_aE_b)$로 표시할 수 있다. 여기서 N_b는 원자당 끊어진 화학결합의 수, N_a는 단위 표면적당 원자의 수, 그리고 E_b는 화학결합의 세기를 의미한다.

소금 1 g의 정육면체 부피를 고려하면, 한 축의 길이가 0.77 cm 정도가 되고 전체 면적은 3.6 cm^2이다. 그리고 이때의 표면 에너지는 720 erg/g이다. 만약 한 축의 길이가 10^{-3} cm(= 10 μm)로 잘게 잘리면 전체 면적은 2.8×10^3 cm^2가 되며 표면 에너지는 5.6×10^5 erg/g으로 급격히 증가한다. 더 나아가 10^{-8} cm(= 10 nm)가 되면 전체 면적은 2.8×10^6 cm^2가 되며 표면 에너지는 5.6×10^8 erg/g(대략 13 cal) 정도가 된다. 따라서 소금 나노입자는 매우 불안정한 상태(에너지가 높은 상태)가 된다.

불안정한 상태가 되면 열역학적으로 시스템의 에너지를 낮추려는 방향으로 힘이 작용한다. 나노입자에 열을 조금만 가하면(에너지를 주면) 서로 달라붙어 크기가 증가하려고 한다. 위에서 보았듯이 크기가 증가하면 에너지가 낮아지기 때문이다.

대표적으로 오스왈드 라이프닝Ostwald ripening[13]이란 메커니즘이 있다. 용액 내에 큰 입자들이 작은 입자들보다 상대적으로 많이 존재할 때, 작은 입자들은 이 메커니즘에 의해 녹아 없어져 큰 입자로 흡수된다. 따라서 용액에 분산된 나노입자들 역시 그냥 놔두면 서로 엉겨 붙으려는 응집agglomeration 현상이 발생한다. 응집이 되면 크기가 커져 나노입자가 주는 고유한 광학적, 전기적, 자기적, 생물학적 기능에 제약이 생긴다.

이러한 문제를 해결하기 위해 많은 나노 과학자들은 용액 상태에서 어떻

13 https://en.wikipedia.org/wiki/Ostwald_ripening

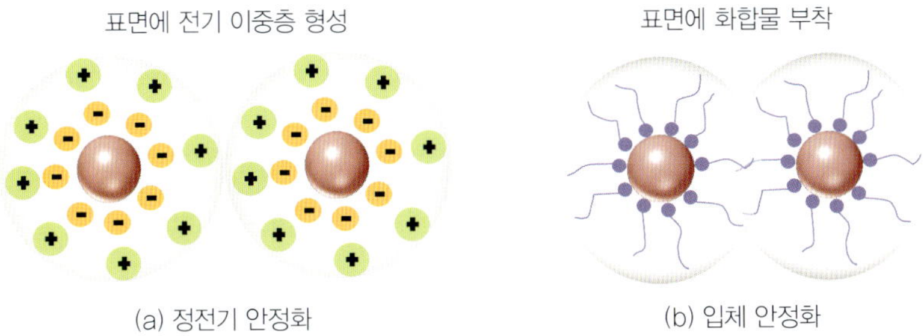

그림 7-9 나노입자를 용액에 분산하는 방법

게 나노입자들이 잘 분산되게 할지에 대해 연구했다. 그림 7-9를 보자. 첫 번째는 나노입자 자체가 양전하(+)나 음(–)전하를 띠는 경우이다. 만약 입사 표면이 음전하를 띠는 경우 입자 바깥으로 양전하층을 형성하여 전기 이중층을 만들면 에너지가 안정될 수 있다. 이러면 옆의 나노입자도 음전하를 띠게 되고, 서로 척력이 생기므로 나노입자의 응집을 방해하여 분산되게 한다.

만약 입자가 전하를 띠지 않는 중성이라면 두 번째 그림처럼 표면에 팔과 같은 역할을 하는 분자들을 나노입자 합성과정에서 붙여준다. 분자의 길이가 충분하면 옆의 입자와 닿지 않아 분산성이 우수해진다.

바이오메디컬 분야에서는 많은 나노입자가 수용액 상태에서 사용, 보관되는데 산화물 나노입자들은 대부분 표면이 소수성hydrophobic이라 쉽게 응집될 수 있다. 이때는 경우 표면에 친수성hydrophilic 리간드를 붙여주어 분산성을 향상하는 방법을 쓴다.

한편, 금속학에서는 그동안 기계적 강도strength를 높이기 위해 결정립grain의 크기(d)를 줄이는 노력을 했는데, 소성 변형[14]을 일으키는 항복강도(σ_y)가 결정립의 지름에 루트로 반비례하기 때문이다. 즉 $\sigma_y \sim \sqrt{d}$ 의 관계식[15]이 있다. 예를 들어, 구리(Cu) 막대의 경우 약 50 nm 정도의 결정립을 갖는 나노결정질의 구리로 제작된 봉이, 약 10 μm 크기의 결정립 크기를 갖는 봉보다 항복강도가 약 2배 높다[16]. 금속의 소성 변형은 통상 전위dislocation라고 불리는 결정결함이 결정립 내를 움직이면서 일어나는 현상이다. 그런데 결정립이 나노 크기가 되면 전위들이 잘 움직이지 못하므로 항복강도가 높아지는 것이다.

2016년 필자(김)의 연구실은 당시 한국과학기술원KIST의 최인석 박사(현, 서울대 재료공학부 교수) 연구팀과 같이 관련 연구를 수행한 경험이 있다. 필자의 연구실에서는 오랫동안 코발트(Co)/구리(Cu) 또는 철(Fe)/금(Au)[17] 같은 이종의 금속층이 대나무 형태의 다층 구조를 갖는 바코드barcode 나노선을 벌집 형태의 나노틀을 이용하여 전기화학적으로 제조하고 있었다. 하나의 도금조에서 전류밀도를 조절하여 2~3종의 다른 금속층을 제조할 수 있는 기술을 갖추고 있었다. 한편 최 박사는 나노금속의 기계적 성질에 관한 흥미로운 연구를 수행 중이었다. 만나서 대화를 나누던 중 Ni과 Ni/Au 나노선을 활용하여 이들의 기계적 강도를 연구해보기로 의기투합하게 됐다.

연구팀은 니켈(Ni)과 니켈-금(Ni/Au)이 번갈아 가며 층을 이루는 지름 200 nm짜리 나노선을 만들었다. 당시 실험을 수행하였던 고려대 안부현

14 막대기 형태의 금속소재 경우, 길이를 늘리기 위해 양끝에서 잡아당기면 작은 힘에서는 다시 원상태로 돌아가는 탄성elastic 변형이 일어나지만, 더 많은 힘이 가해지면 영구히 변형되는데, 이를 소성plastic 변형이라 하고, 이때의 힘을 항복강도yield strength라고 한다.

15 이를 Hall–Petch relationship 이라 한다.

16 DOI: 10.1126/science.1081042

17 철·금 다층 나노구조체 제작 성공. 매일경제 2007. 04. 29.https://www.mk.co.kr/news/it/view/2007/04/221043/

박사가 연구실에서 나노선을 직접 제작하여 KIST 연구실을 오가며 끈기 있게 실험을 수행하였던 기억이 새롭다. 주사전자현미경을 보면서 나노선 다발에서 한 가닥의 나노선을 끄집어내서 인장 실험을 하는 자체가 고난도 실험이었다.

그림 7-10은 실험 결과를 보여주는데, 니켈(Ni)과 니켈-금(Ni-Au) 나노선을 잡아당겼을 때 끊어진 단면이 다름을 보여주고 있다. 니켈-금(Ni-Au) 나노선에서 현존 나노선 중 최고치인 7.4 GPa의 항복강도가 측정됐다. 이는 같은 굵기의 니켈(Ni) 소재 나노선에서 측정한 값보다 5배 정도 높고, 일반적인 금속 소재 나노선보다는 약 10배 이상 높은 수치다. 이렇게 강도가 증가한 이유는 전위가 이종의 층에서 더는 이동하지 못하기 때문이었다. 이 연구 결과는 학술지에 발표했다[18]. 금속 나노선의 기계적 특성에 대한 리뷰

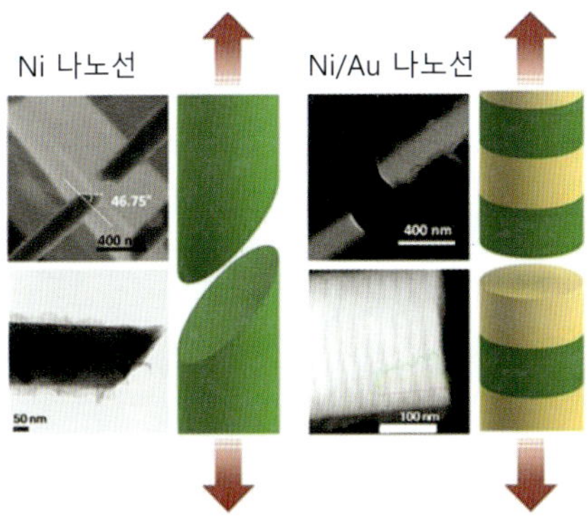

(a) 나노선의 구조와 끊어진 상태

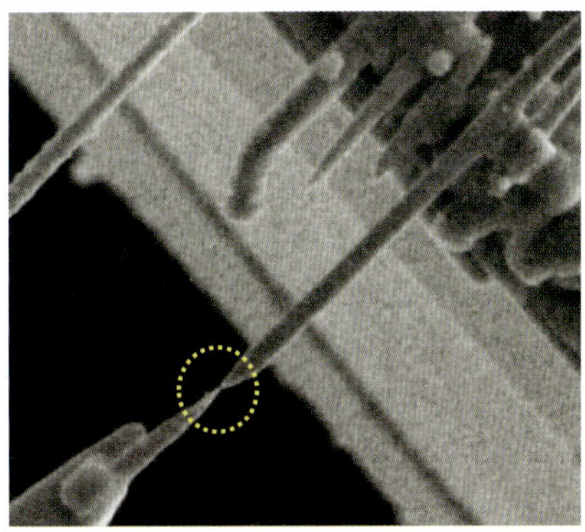

(b) Ni 나노선의 실시간 인장 실험 사진

그림 7-10 금속 나노선의 인장 실험

18 B. H. an et al., Nano Letters 16, 3500-3506 (2016). https://doi.org/10.1021/acs.nanolett.6b00275

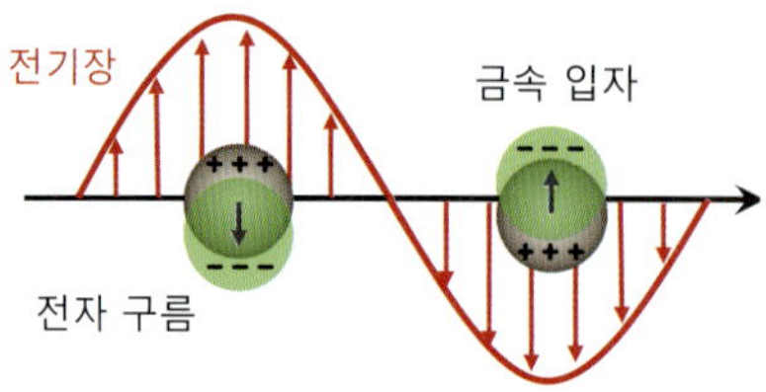

(a) 표면 플라즈몬 공명

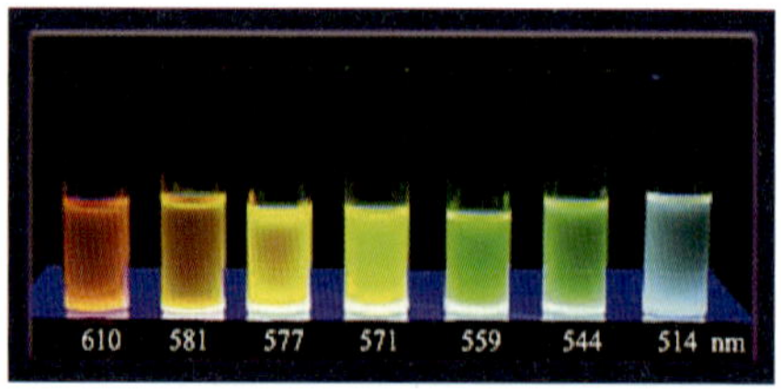

(b) 반도체 양자점의 발광

그림 7-11 나노입자의 광학적 특성

는 대한금속 · 재료학회 발간 재료마당 2016년 09월호를 참고하기 바란다[19]. 이러한 층상구조의 바코드 나노선은 후일 줄기세포의 분화 제어 연구에 다시 활용된다.

앞서 금 나노입자 사례에서 보면 나노입자가 되면서 색이 변하는 것을 알 수 있었다. 이러한 광학적 변화는 금속의 표면에 있는 자유전자와 빛의 상호작용인 표면 플라즈몬 공명surface plasmon resonance, SPR 현상에 기인한다(그림 7-11(a)). 플라즈몬이란 금속 내의 자유전자가 집단으로 진동하는 형태를 의미한다. 표면 플라즈몬 공명이란 전도성 금속이 물, 공기 등과 같은 비전도성 매질과 계면을 형성하고 있을 때, 전도성 금속의 표면이 대전되어 전기장이 형성되고, 이로 인해 플라즈몬들이 규칙적인 주기를 가지고 이동하는 현상이다.

금속 나노입자의 크기가 빛의 파장보다 매우 작아지면, 평면의 경우와 달리 플라즈몬들이 이동하지 않고, 국부적으로 특정 파장을 가지고 집단으로 진동하게 된다. 이러한 특성으로 인해 금 나노입자의 크기와 모양에 따

19 강성규 외, 금속 나노선의 기계적 성질 연구 동향. 재료마당 29권 5호 페이지 4~13 (2016). https://kiss.kstudy.com/thesis/thesis-view.asp?key=3465253

라 빛의 흡수/산란이 달라지며 다양한 색이 나타나게 된다. 이 현상을 생체 분자 검지에 활용할 수 있다. 카드뮴 셀레나이드(CdSe) 같은 반도체는 띠간격band gap[20] 에너지가 1.72 eV, 카드뮴 설파이드(CdS)는 2.0 eV 정도이다.

전자가 빛을 흡수하면 에너지가 높은 들뜬 상태로 올라갔다가 에너지가 낮은 상태로 떨어지면서 빛을 내보내는데, 이러한 현상을 발광photoluminescence이라고 한다. 특히 반도체 나노입자에서의 발광은 연속적이지 않고 양자적이므로, 반도체 나노입자를 양자점quantum dot, QD이라 칭하기도 한다. 양자점 바이오메디컬 영상 기술, 발광다이오드LED, 태양전지 등에 두루 쓰인다.

그림 7-11(b)는 크기가 다른 CdSe 양자점들이 내는 파장의 범위를 보여주는데, 입자 크기가 작아질수록 밴드갭이 커지는 것이 보인다. 물리 시간에 배운 에너지와 파장의 관계식은 다음과 같다.

$$\Delta E = h\nu = hc/\lambda \tag{2}$$

여기서 h는 플랑크 상수 6.62×10^{-34} J s, c는 빛의 속도 3.00×10^{8} m/s, ν는 주파수, λ는 파장이다. ΔE가 작아지면 가시광선 영역에서 λ가 긴 쪽인 적색을 발광하게 되며(더 작아지면 적외선), 그 반대의 경우는 보라색으로 이동한다(더 커지면 자외선). 따라서 입자 크기가 크면 적색을, 작으면 보라색을 발광한다.

---

20 밴드갭: 전자가 없는 에너지 밴드를 전도대, 전자가 존재하는 가장 높은 에너지 레벨을 가전자대라고 했을 때 그 차이를 밴드갭이라고 한다.

자성 나노입자의 크기에 따른 자기적 특성 변화

자성 나노입자magnetic nanoparticle는 자성유체, 페라이트 자석, 전자기 차폐를 포함하여 세포 분리, 약물 전달, 바이오센서와 같은 바이오메디컬 분야에서 주목받고 있는 소재이다. 벌크 입자와는 다른 자성 나노입자의 크기효과size effect는 물리적, 화학적 성질들에 많은 영향을 미치기 때문에, 이를 이해하는 것은 기초과학과 산업적 응용을 위해서도 중요하다.

나노입자의 자기적 성질 중 보자력保磁力, coercivity은 크기에 매우 민감한 영향을 받는다. 보자력의 유무 및 그 세기에 따라 자성소재의 특성이 크게 좌우된다. 보자력이란 강자성소재를 자화한 후, 반대 방향으로 자기장을 작용시켜 자화를 0까지 감소시키는 데 필요한 자기장의 세기를 말한다. 보통 H_C의 기호로 나타내며 단위는 주로 Oe(SI 단위는 A/m)를 쓴다.

입자의 크기와 자기적 보자력의 상관관계에 대해서 살펴보자. 그림 7-12(a)처럼, 입자의 크기가 작아지면서 보자력 값은 증가하다가 최고점을 거친 뒤 점차 줄어들어 결과적으로 0이 된다. 이러한 사실은 이미 여러 교과서와 문헌을 통해 잘 알려져 있었다. 즉, 입자 크기에 따른 자기 보자력의 변화에 대한 자성학 이론은 이미 널리 알려져 있으나, 기존의 연구 결과는 서로 다른 방법으로 합성한 입자를 이용하였기 때문에 그 결과를 이론과 직접 비교하기 어려웠다.

2015년 필자(김)의 연구팀은 이러한 자성 이론에 대한 실험적 규명을 위해, 당시 서울대 화학과 이진규 교수(현 LG화학 연구소 부사장) 연구팀과 공동연구를 수행한 결과를 발표했다[21]. 환원성 폴리올 공정이라는 단일 합성 방법을 통해 입도 분포가 고른 지름 10~500 nm의 마그네타이트(자철석,

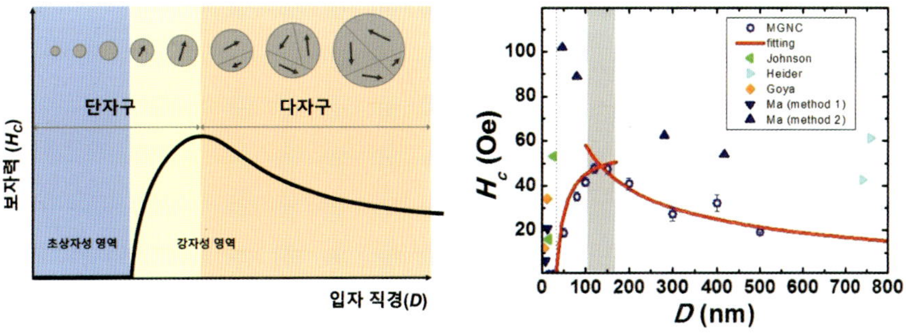

(a) 이론에 따른 개요

(b) 실험으로 규명한 사례

그림 7-12 자성 나노입자의 크기에 따른 보자력의 변화

출처: J. S. Lee et al., Scienctific Reports, 5, 12135 (2015)

Fe_3O_4) 산화철 나노입자를 합성할 수 있었다. 마그네타이트는 기원전부터 항해를 위한 천연 나침반으로 사용된 광물이다. 지구라는 거대한 자기장에 반응하는 자기적 특성을 보이는 천연소재이었기 때문이다. 그러나 이러한 마그네타이트를 화학적으로 합성하기 위해 알려진 기존의 합성법들은 입자의 크기를 10 nm 이상에서 균일하게 만들기 어려웠다. 연구팀은 그림 7-12(b)에서 보는 것과 같이 자성 나노입자의 크기가 감소함에 따라 자기 보자력은 이론적으로 알려진 대로 증가하여 최댓값을 보인 후 점차 감소하여 최종적으로는 0에 도달하게 됨을 입증했다. 나노입자의 크기를 조절하고 크기에 민감한 보자력 특성을 널리 알려진 이론적 예측과 비교 검증한 실험 결과였다.

입자 크기가 큰 자성 나노입자를 제조할 수 있었던 이유는, 이러한 나노

21 '나노입자 크기별 자성특성 변화 이론, 실험으로 검증 성공', 매일경제 2015.07.20.

입자들이 아주 작은 단위 결정들이 서로 뭉쳐있는 메조결정mesocrystal 형태이기 때문이다. 석류와 같은 구조라고 생각하면 편하다. 필자의 연구진은 단위 결정이 어떻게 형성되는지 이해한다면 보다 정밀하게 단위 결정의 크기를 조절할 수 있고, 궁극적으로 메조결정 나노입자의 자기적 특성을 제어할 수 있겠다는 생각이 들었다. 일련의 실험을 수행하여 2020년 초, 연구팀은 마그네타이트가 만들어지는 다양한 경로들에 따라 메조결정 나노입자의 크기와 단위 결정의 크기가 다르게 형성되는 현상을 규명하였고, 이에 따라 보자력 값에 변화를 줄 수 있다는 사실을 규명했다. 이 연구 결과를 정리하여 네이처 커뮤니케이션스 지에 발표하였고, 한국연구재단의 국민체감형 연구성과로도 등록됐다[22].

NBIC 융합기술

앞서 언급한 것처럼 나노기술은 다른 분야, 다른 시스템에 적용되어 상승효과(시너지)를 낼 수 있는 근간 기술이다. 국회도서관의 모든 정보를 각설탕만한 크기에 저장할 수 있는 칩, 그리고 수 개의 세포로 암을 진단할 수 있는 기술의 개발은 나노기술과 정보기술, 생명기술 등과 같은 기술 간 융합으로 가능하다. 일찍이 2005년 우리나라를 방문했던 미래학자 앨빈 토플러는 "한국의 미래는 IT와 BT의 융합기술에 달려있으며, 융합기술을 바탕으로 신산업과 신시장을 창출해야 한다"라고 피력한 바 있다.

22 '천연나침반 마그네타이트 메조결정의 형성과정 규명', 한국연구재단 2021.03.05

21세기에는 동종기술 영역의 한계를 극복하고 이종기술을 융합Convergence 하여 새로운 시장 창출을 위한 과학기술 패러다임이 등장했다. 지난 100년간 과학기술은 전문화 및 세분화됐다. 단적인 예로 최고 교육기관인 대학교의 이공계에는 무수히 많은 학과가 설치되었으며, 그 결과 많은 전문 과학기술 인력이 양성됐다. 이에 힘입어 각각의 단일 혹은 세부기술은 눈부신 발전을 이룩하였으며, 이제 대부분의 단일 과학기술은 지식과 기술 수준에서 거의 포화상태에 도달했다.

세계적인 선도 기관에서는 20세기 말부터 두 가지 이상의 과학기술과 연구 도구를 동시에 사용하거나 특정 분야의 기술과 소재를 서로 다른 전문분야에 적용하는 새로운 형태의 연구를 시작했다. MIT의 뇌인지과학과, 바이오메디컬공학과 등이 그 예이다. 짧은 기간에도 불구하고 이와 같은 연구방법은 놀라운 생산성을 보일 뿐 아니라, 기존에 생각하지 못하였던 새로운 연구개발 영역을 창출하기에 이르렀으며, 이러한 융합기술은 기존의 단일 과학기술의 한계를 극복하고 다양한 신기술을 개발할 수 있는 계기를 마련하여 주었다.

2002년 미국 과학 재단과 상무성에서 'Converging Technologies for Improving Human Performance'라는 중요한 보고서를 발표했다. 정부·국가기관과 대학의 전문가들뿐만 아니라 HP, IBM, Boeing 등 주요 기업들의 참여를 통해 기초연구에서부터 산업화에 이르는 융합기술 발전 계획을 제시했다. 여기서는 융합기술을 '나노기술Nanotechnology, 생명기술Biotechnology, 정보기술Information Technology, 인지과학Cognitive Science의 융합을 통해 창출되는 기술'로 규정하며, NBIC 융합기술의 목적을 인간수행능력의 증진으로 두었다.

약 20여 융합기술 과제가 제안됐다. 여기에는 높은 에너지 효율과 친환경적 특성을 갖는 신소재에 의한 기계나 구조물, 쉽게 탈부착 가능한 센서를 활용한 개인 건강상태 모니터링 기술 등이 포함되어 있다. 2001년 미국 NBIC 워크샵 참가자가 NBIC 융합기술을 간명하게 설명한 명언이 전해지고 있다. "인지과학자들이 어떤 것을 생각할 수 있다면, 나노공학자들은 그것을 만들 수 있으며, 생명공학자들은 그것을 시행할 수 있고, 정보공학자들은 그것을 모니터하고 제어할 수 있다." 미국 정부는 연간 1,300억 달러의 예산을 융합기술에 투입하고 있다.

유럽은 2004년에, 우리나라는 2008년에 융합기술기본계획을 역시 수립했다[23]. 이에 따라 기획 과정을 거쳐, 2008년부터 미래유망 융합기술 파이오니어 사업을 개시했다[24]. 융합기술이 갖는 매력은 기술의 원천성에 있다. 기술의 원천성이란 여러 분야에 응용할 수 있는 잠재력을 말한다.

2007년 9월 중앙일보에 게재된 '샌드위치 코리아[25]' 특집기사가 생각난다. 원천기술이 없는 경우 막대한 로열티를 물게 될 뿐만 아니라 새로운 시장을 개척하기도 힘들다. 원천기술을 확보하기 위한 주요 방안으로 융합기술 연구가 유력한 대안으로 제시하고 있다. 진화론에 비유해 쉽게 말하자면 잡종강세 기술개발 전략이 필요한 것이다.

---

23 융합연구정책센터. https://crpc.kist.re.kr/home/homeIndex.do

24 미래유망 파이오니어사업 기획연구, 한국과학재단. 2007년. https://scienceon.kisti.re.kr/srch/selectPORSrchReport.do?cn=TRKO200800067715

25 중앙일보 2007.09.20. 중앙일보 창간특집 섹션 샌드위치 코리아. https://news.joins.com/article/2891259, https://news.joins.com/article/2891288

나노융합기술의 사례

나노기술을 근간으로 타 기술을 융합하려는 연구사례는 일일이 소개하기 어려울 정도로 매우 많다. 관심 있는 독자들은 나노융합2020사업단[26]에서 발간하는 자료들을 참고하기 바란다. 필자는 NT-BT 융합기술에 관해 관심을 두고 연구개발을 수행하고 있어 관련 사례들을 소개하고자 한다.

나노소재를 다루는 나노기술은 다른 분야보다도 바이오메디컬 기술과 융합하여 새로운 원천기술을 창출할 가능성이 크다. 특히 암과 같은 질병에서 자유로워지는 것은 모든 인류가 꿈꾸는 것이다. 암이 이미 전이가 많이 된 채로 늦게 발견되어 제대로 치료를 못 하거나, 늦게 처치하여 사망에 이르는 사례들은 무수히 많다. 이러한 의학기술이 지닌 한계를 극복할 수 있는 새로운 돌파구로 나노기술의 접목이 제시되고 있다. 새롭고 다양한 기능을 갖는 나노소재를 개발하여 질병을 고감도로 진단하고, 치료 분야에 새로운 가능성을 제시하는 나노바이오 융합기술을 선점하기 위한 연구개발 경쟁이 세계적으로 치열하게 전개되고 있다[27].

바이오메디컬 분야에 활용하는 나노입자의 경우, 하나의 기능을 넘어 자성magnetic과 광학photonic 특성과 같이 두 가지 이상의 복합기능을 구현할 수 있는 소재에 관한 연구가 활발히 진행되고 있다. 물론 이미 자성 나노입자 또는 반도체 양자점 등의 나노소재들을 바이오메디컬 분야에 적용하고 있으나, 각 소재가 갖는 단일 기능만을 이용하기 때문에 응용 측면에서 제

26 (재)나노융합2020사업단. https://www.nanotech2020.org/sub0401

27 발췌와 업데이트. 김영근, 과학과 기술, 2011년 9월호 (508), 한국과학기술단체총연합회. http://www.koreascience.or.kr/article/JAKO201174648806466.page

약이 따랐다. 자성 특성을 활용한다면, 외부 자기장을 통해 나노기술이 적용된 물체에 이동성을 부여할 수 있다. 광학 특성을 활용한다면, 양자점의 강한 광학 신호를 바탕으로 영상관찰이 편리해진다. 이를 복합적으로 응용하면 나노소재를 체내에서 이동시키면서 영상을 관찰할 수 있을 것이다.

기존에 개발되었던 자성-광학 복합기능 나노입자들은 자성 코어에 실리카(SiO_2)를 코팅하고 그 표면에 유기분자 형광염료fluorescent dye를 붙이는 방식이었다. 그러나 시간에 따라 형광이 약해지는 광열화photo-bleaching 현상이 발생한다는 단점이 있다. 아령 모양으로 자성입자와 양자점을 형성하는 구조들도 고안되었지만 견고하지 못하다. 최근 합성된 코어-쉘core-shell 구조의 나노입자는 이종의 물질을 이용하여, 코어의 기능과 쉘의 기능을 동시에 견고하게 구현할 수 있어 많은 관심이 집중되고 있다. 앞의 그림 7-8은 산화철(Fe_3O_4) 코어와 산화아연(ZnO) 쉘로 합성한 코어쉘 나노입자이다.

복합기능 나노입자를 활용한 항암 면역세포치료

암은 우리나라 사망률 1위를 차지하는 질병이다. 2018년 통계에 의하면 국내 암 환자 수는 178만 명으로 매년 31만 명이 발병하고 있다. 암은 막대한 사회적 비용을 발생시킨다. 진료비만 놓고 봐도 9조 원가량으로 우리나라 전체 건강보험 진료비에서 11%를 차지한다. 암으로 인한 사회적 비용을 줄일 방안이 시급하다. 암 치료는 통상 외과수술과 더불어 약물치료와 방사선치료 같은 직접적인 치료 방식이 쓰이고 있다. 그러나 이러한 치료법은 머리카락이 빠지고, 약물이 맞지 않으면 환자의 몸도 쇠약해지는 고통이 따른다.

제4의 치료법으로 등장한 면역치료는 우리 몸에 있는 T-세포, 수지상세포, 자연살해세포와 같은 면역세포를 이용하는 개인 맞춤형 면역치료법이다. 이 방법은 환자의 면역세포 기능을 활성화하여 환자 스스로 암을 이겨내는 방법으로 부작용이 없다는 장점이 있다. 그러나 면역세포를 정제하고 준비하는 과정이 복잡하고 치료 단가 대비 효능이 낮은 단점이 있다. 2010년 전후로 주목받던 항암 면역치료 분야에 2018년 노벨생리의학상이 수여됐다[28]. 암이 어떻게 T-세포의 공격을 무력화시킬 수 있는지에 대한 연구와 이를 거꾸로 이용하여 암을 효과적으로 공격할 수 있는 단백질[29]을 개발한 공로로, 미국 텍사스대학 MD Anderson 암센터 제임스 앨리슨James P. Allison 교수와 일본 교토대 타스쿠 혼조Tasuku Honjo 교수가 공동 수상했다.

그림 7-13은 항암 면역세포치료의 개념을 보여주고 있다. 보조 세포는 암 수변에서 나오는 생리활성물질(인터루킨, IL-2)을 T-세포가 느끼게 해준다. 동시에, 수지상세포dendritic cell는 T-세포에게 종양항원을 제시해주어 T-세포의 기능을 고도로 활성화한다. 결국 T-세포는 암을 공격하는 세포살해 T-세포로 훈련된다. 이러한 세포살해 T-세포는 암을 공격하여 사멸시킨다. 물론 암세포도 바보는 아니다. 이러한 공격에 대항하는 면역세포들을 활용하고 앞서 말한 면역관문 단백질도 활용하여 스스로를 방어한다. 따라서 T-세포 자체의 기능과 기억력을 강화하는 방법, 면역관문억제제를 사용하는 방법, 수지상세포에 다량의 항원을 탑재한 방법 등 다양한 치료 기술들이 연구 개발되고 있다.

필자(김)의 연구팀과 서울대 의과대학 조남혁, 성승용 교수 연구팀은 수지상세포를 활용한 면역세포치료 기술에 주목하여 공동연구를 수행했다. 수지상세포를 이용한 면역세포치료의 핵심은 크게 두 가지이다. 하나는 T-

28 https://www.nobelprize.org/prizes/medicine/2018/press-release/

29 이러한 특정 단백질을 면역관문억제제((immune checkpoint blockade)라고 부른다.

세포가 암의 특징(항원)을 잘 인식할 수 있도록 충분한 양의 항원을 수지상세포에 탑재하는 것이다. 다른 하나는 환자의 림프절에 많은 수지상세포가 이동하도록 하는 것이다. 그러나 기존의 방식들은 이러한 종양 특이 항원의 탑재효율이 낮거나 이를 객관적으로 모니터링하는 것이 어려워 항암치료에 어려움을 겪어왔다.

이러한 문제를 해결하기 위해 공동연구팀이 설계한 지름 10 nm의 산화철-산화아연 나노입자는 항암 면역세포치료에 필요한 3가지 기능을 동시에 갖는다. 먼저 산화철은 자성을 띄므로 자기공명영상MRI 추적이 가능하다. 두 번째로 산화아연은 반도체 양자점이므로 형광 세포영상을 제공한다. 세 번째로 산화아연 표면에 스카치테이프 역할을 하는 생체분자인 펩타이드 서열을 고안하여 대장암 같은 암세포에만 있는 분자 항원을 나노입자에

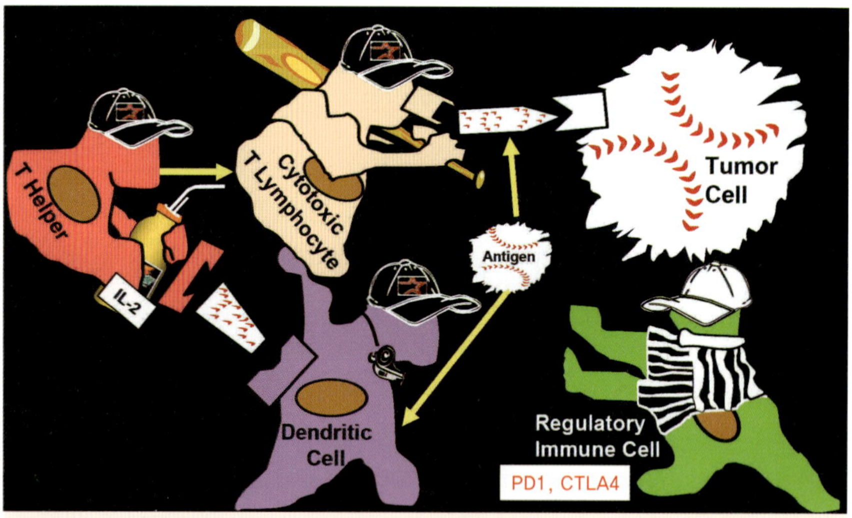

그림 7-13 항암 면역세포 치료의 개념
출처: Patrick Hwu, University of Texas MD Anderson Cancer Center, 2013

다량 부착할 수 있었다. 나노입자가 체내에서 독성이 있다면 향후 임상에 영향을 미칠 수 있으므로 이러한 점도 고려하여 소재를 설계했다.

이러한 복합기능 나노입자를 수지상세포에 넣고, 암에 걸린 쥐에 주사하였을 때, 다른 대조군에 비해 현저히 향상된 항암효과를 관찰했다. 이 연구 결과는 2011년 9월, 나노기술 분야의 최고 권위의 학술지인 네이쳐 나노테크놀로지에 발표됐다[30]. 이 연구성과는 국가과제(미래유망 융합기술 파이오니어 사업)로 지원되었으며, 순수 국내 연구진에 의해 개발됐다는 데 의의가 있다[31]. 이후 조남혁 교수 연구팀과는 지금까지 동 분야의 연구를 같이 수행하고 있으며, 현재는 면역훈련소를 아예 체내에 형성하는 기술을 연구하고 있다.

돌이켜보면 연구 초기에는 외국어를 공부하는 것처럼 서로 사용하는 용어 자체를 이해하는 것이 어려웠다. 공대에서는 Ag라고 쓰면 은$_{\text{silver}}$을 의미하는데, 의대에서는 항원을 Ag$_{\text{antigen}}$, 항체를 Ab$_{\text{antibody}}$로 쓰고 있었다! 의대 연구진에 무기물인 나노소재를 이해시키고, 공대 연구진은 면역을 주제로 공부하면서 차츰 서로의 연구방식을 이해하기 시작했다. 의대 연구진에 왜 동물(쥐) 실험이 늦느냐고 채근한 적이 기억난다. 쥐가 새끼를 낳으려면 2주 기다려야 한다는 대답을 듣고, 생명과학이 인내를 요구하는 학문임을 알게 됐다. 연구에 참여한 공대와 의대의 젊은 대학원생들은 자연스레 사물을 넓게 보고, 융합적인 사고를 키울 수 있었을 것으로 생각한다.

---

30 N.-H. Cho et al., Nature Nanotechnology 6, 675–682 (2011). https://www.nature.com/articles/nnano.2011.149

31 나노 입자로 부작용 없이 암 치료, KBS 9시 뉴스, 2011년 9월 12일. https://news.kbs.co.kr/news/view.do?ncd=2355202

늘었다 줄었다 하는 나노코일로 골세포 분화 조절

줄기세포는 주변 환경을 감지하여 분화 자극이 가해지면 뼈, 지방, 근육, 심근, 혈관, 연골 등 다양한 기관 조직으로 분화할 수 있다. 줄기세포를 특정 환경이나 신호에 노출하여 원하는 조직으로 분화를 유도하려는 연구가 인공장기나 세포치료 등을 위한 재생의학 분야에서 활발하게 진행되고 있다. 특히 골다공증, 골연화증, 퇴행성 골질환 등의 치료를 도울 수 있도록, 단단한 임플란트 구조물의 표면에서 줄기세포를 자극하려는 연구가 이뤄지고 있지만, 원격으로 실시간 분화를 제어하는 데 어려움이 있었다. 가역적 제어라는 측면에서도 숙제가 남아있었다.

필자(김)와 고려대 강희민 교수는 이러한 문제를 해결하고자 자성 나노코일을 활용해보기로 했다. 연구진은 마치 용수철처럼 자기장에 의해 길이가 늘어났다가(원래 길이의 126%) 자기장 인가를 멈추면 다시 원래 길이로 돌아오는 1 μm 남짓한(두께 70 nm) 나선형 코발트(Co)-철(Fe) 합금 나노코일을 제작했다. 나노코일은 생체 내외에서 자기장을 이용하여 나노미터 수준으로 정밀하게 조절할 수 있으며, 세포 내부로 함입되거나 부러지지 않는 기계적 강도를 갖고 있어, 생체 내에서도 가역적으로 신축할 수 있는 특성을 갖는다.

연구진은 그림 7-14처럼 자기장에 반응하는 나노코일 표면에 세포와 결합할 수 있는 RGD 리간드[32]를 코팅하고 자기장으로 리간드의 간격을 가역적으로 실시간 원격 조절하여 줄기세포의 부착 및 분화를 조절하는 시스템

---

32 세포 부착을 매개하게 하는 세포외 기질Extracellular Matrix의 단백질 중 파이브로넥틴의 아미노산 서열. 세포막에 존재하는 수용체 인테그린integrin은 RGD 리간드를 인지하고 세포가 부착되도록 한다.

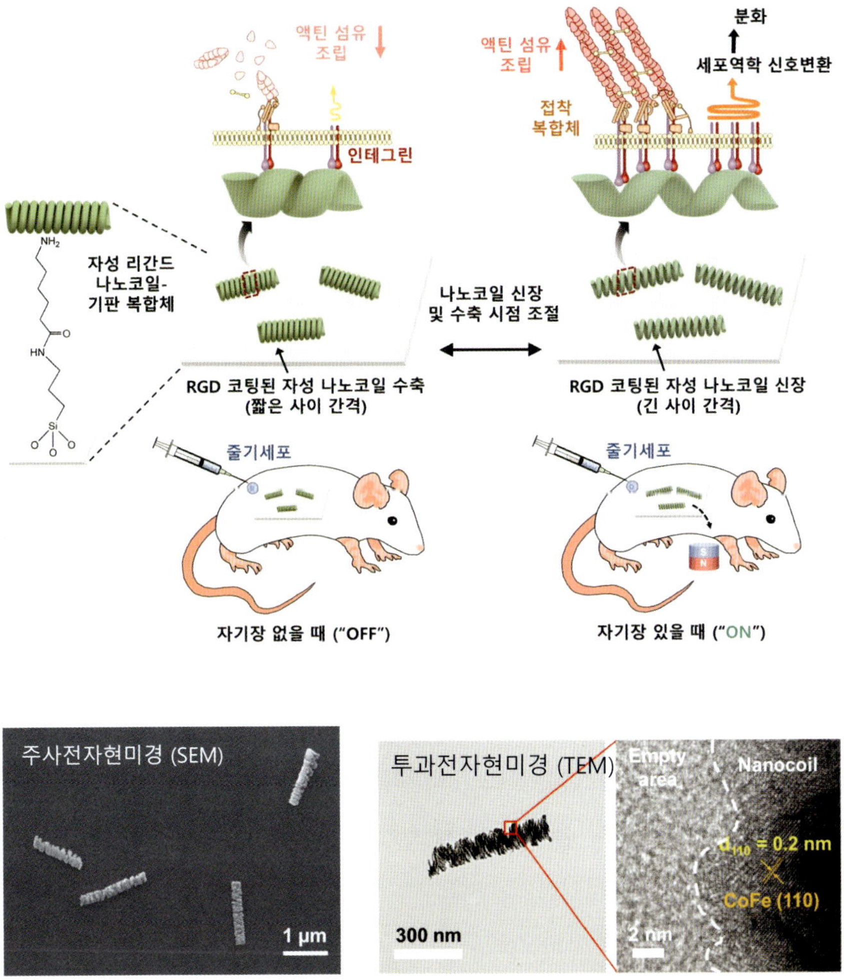

그림 7-14 생체 내 나노코일 제어 시스템의 모식도와 자성 나노코일의 실제 형상 및 구조

을 고안했다. 쥐에 이식한 이후, 외부에서 자기장을 인가하여 생체 내 삽입된 나노코일을 늘어나게 하여 줄기세포와의 부착을 촉진시켰더니 줄기세포의 골분화도 촉진된 것을 확인했다[33]. 이 기초연구 성과로 학술논문[34]과 관련 특허를 출원했다.

이 결과는 원하는 시점에 원격으로 줄기세포를 분화시키기 위한 자극을 전달할 수 있는 나노코일 시스템의 구동을 동물모델에서 검증함으로써 향후 생체 내 줄기세포 정밀제어 연구의 단초가 될 것이다. 향후 대식세포, 암세포 등 다양한 세포에 나노코일 시스템을 적용하고, 환자 개개인의 상황에 따른 맞춤형 치료 시스템에 새 지평을 열 것으로 기대하고 있다.

강아지풀 형상의 나노복합체로 박테리아를 제거한다

나노기술을 근간으로 타 기술을 융합하려는 연구사례는 매우 많고 더더욱 늘어나는 추세이다. 이종의 나노소재를 복합하여 멸균하는 데 적용한 사례를 소개하고자 한다. 필자(김)와 고려대 김중배 교수 연구팀은 고분자와 무기물로 강아지풀 같은 나노복합체를 만들면 박테리아가 제거된다는 것을 확인했다. 고분자 섬유 안에 뾰족한 가시를 합성하여 박테리아를 찔러 죽이는 것이 그 원리이다.

박테리아는 물을 좋아하므로 친수성 소재에 잘 달라붙는다. 그러나 기존의 항균 특성을 보이는 소재는 소수성hydrophobic이어서 균이 표면에 달

33 자기장 활용해 줄기세포 분화 원격조절하는 나노코일 개발. 연합뉴스 2021. 02. 03. https://www.yna.co.kr/view/AKR20210201148500017

34 S. Min et al., Advanced Materials 33, 2008353 (2021). DOI: 10.1002/adma.202008353.

라붙지 못했다. 하지만, 연구팀에서는 소수성인 폴리젖산PLA, polylatic acid 표면에 뾰족한 산화아연(ZnO) 나노선을 합성하여 초친수성super-hydrophilic 소재를 제작했다. 그림 7-15는 나노복합체 구조와 이를 이용한 박테리아 사멸 실험 사진이다. ZnO 나노선은 수열법으로 합성되었으며 길이는 수 nm이다. 나노선이 합성된 초친수성 소재이다 보니, 박테리아가 뾰족한 나노선 닿아 찔려 죽게 되는 것이다.

조금 더 자세히 설명하자면, 박테리아에는 크게 두 가지 종류가 있다. 하나는 대장균 같은 그람 음성균이고 하나는 포도상구균 같은 그람 양성균이다. 그람 음성균은 세포벽이 얇아 나노선에 찔려 쉽게 제거되고, 그람 양성균은 세포벽은 두꺼워 잘 찔려죽지 않으나 산화아연이 제공하는 활성산소로 인하여 쉽게 제거된다. 위 연구성과는 학술논문[35] 게재와 특허출원이 됐다.

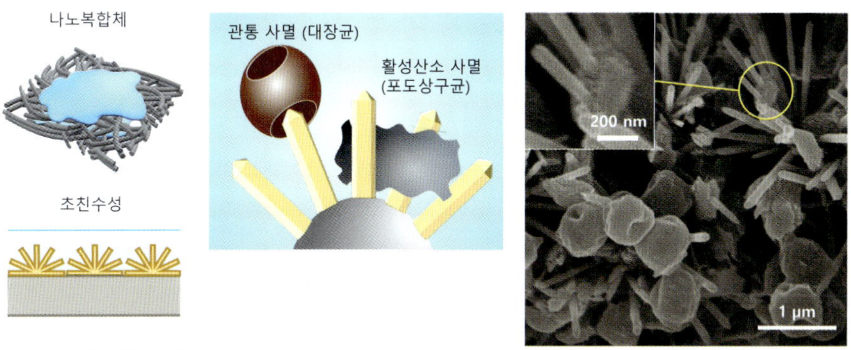

그림 7-15 폴리젖산 섬유와 산화아연 나노복합체에 의한 박테리아 멸균 개념과 실제 전자현미경 사진

35 B. C. Park et al., Advanced Functional Materials 31, 2100844 (2021). DOI: 10.1002/adfm. 202100844

정리

나노기술이란

- 나노소재는 1~100 nm 정도의 크기를 갖는 소재이며, 이를 다루는 기술을 나노기술(nanotechnology)이라고 부름
- 나노기술의 가장 큰 매력은 나노크기에서 나타나는 독특한 물성의 출현에 있으며, 그 대표적인 예로는 다양한 색상의 금 나노입자가 있음
- 나노기술에서 중요한 요소는 균일한 분포, 화학적 조성, 결정성을 갖는 나노구조를 확보하는 것임

현미경의 역사

- 1665년에 조명장치를 고안, 개량한 현미경으로 세포 구조를 발견함
- 20세기 들어 1933년 전자현미경이 발명되었고, 그 이후 투과전자현미경과 로렌스 버클리 연구소의 1.5 MeV의 전자현미경 등으로 발전되었음
- 그 후 프로브 현미경(SPM)의 역사가 시작되었는데, 그 대표적인 예로는 주사터널링현미경(STM)과 원자힘현미경(AFM) 등이 있음

자성 나노입자

- 바이오메디컬 분야에서 주목받고 있는 소재
- 자성 나노입자의 크기는 물리적, 화학적 성질들에 많은 영향을 미치며 자기적 성질 중 보자력은 크기에 매우 민감한 영향을 받음

NBIC 융합기술

- 인간수행능력의 증진을 위한 나노기술(NT), 생명기술(BT), 정보기술(IT), 인지과학(CS)의 융합을 통해 창출되는 기술
- 동종기술 영역의 한계를 극복하고 이종기술을 융합(Convergence)한 새로운 형태의 학제 간 연구로서 기본의 단일 과학기술의 한계를 극복할 수 있음

8

신소재의 발굴

소재는 혁신의 요체

인류가 거쳐간 석기시대(수렵 유목사회), 청동기시대(농업사회), 철기시대(산업사회)를 구분하는 경제 · 사회 · 문화적 패러다임 변화는 새로운 소재의 발굴discovery[1]에서 시작됐다. 지난 한 세기 동안에도 다양한 신소재가 개발되었으며, 반도체 집적회로(IC), 디스플레이, 자동차, 플라스틱 등 여러 산업 분야의 성장을 주도했다. 에너지 산업, 차세대 전자산업, 첨단 운송기술, 차세대 의료산업 등 미래 주요 산업의 발현을 위해서는 소재 기술의 발전과 소재의 경제성 증진은 필수요건이다.

예를 들어, 태양전지의 발전효율에 영향을 주는 것은 주요재료인 실리콘의 품질이다. 또 태양전지 원가의 82%가 소재가 차지하는 비용이다. 모바일 시대의 핵심인 발광다이오드LED나 유기발광다이오드OLED를 광원으로 쓰는 액정디스플레이LCD 장치에서도 발광소재의 특성이 최종제품의 품

1 신소재 발굴은 넓은 의미에서 발견과 발명을 포괄하는 개념으로 볼 수 있다.

질에 직접 영향을 주고 있으며, 디스플레이 패널 원가의 약 70%가 소재 비용이다. 리튬 이차전지와 같이 소재 비중이 높은 제품들 역시 소재 비용이 50% 이상을 차지하고 있어 소재의 가격이 최종제품의 가격과 직결되는 양상을 보이고 있다. 자동차와 같은 운송수단에서의 경량화는 인류의 에너지 문제와 연계된 중요한 이슈이며, 이를 위해서는 가벼우면서 내구성 및 충격저항성이 뛰어난 새로운 개념의 소재 개발이 필요하다.

소재의 특징

소재material란 원재료를 최소한 1번 이상 가공하여 만들어지며, 부품이나 제품 전체가 동일한 물리·화학적 특성을 갖는 기초물질이다. 소재 기술의 발전을 위해서는 그림 8-1에서 보듯이 공정processing, 미세구조microstructure, 특성property 각 부문의 과학기술적 내용과 더불어 이들의 상관관계까지 이해하여야 한다. 이런 이해를 통해 성능을 최적화하는 기술개발 패러다임이

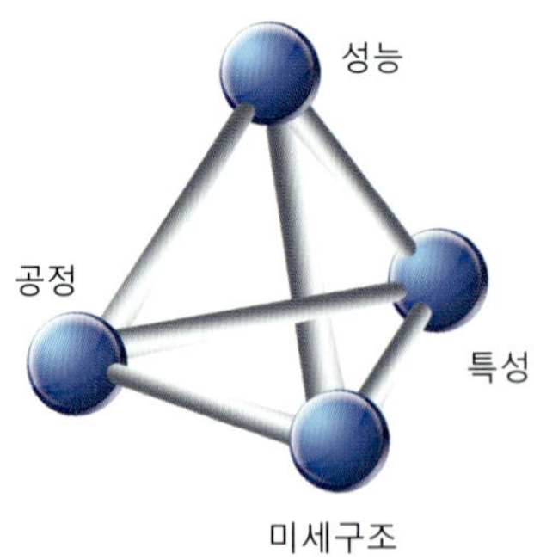

그림 8-1 소재 기술의 구성요소와 상관관계

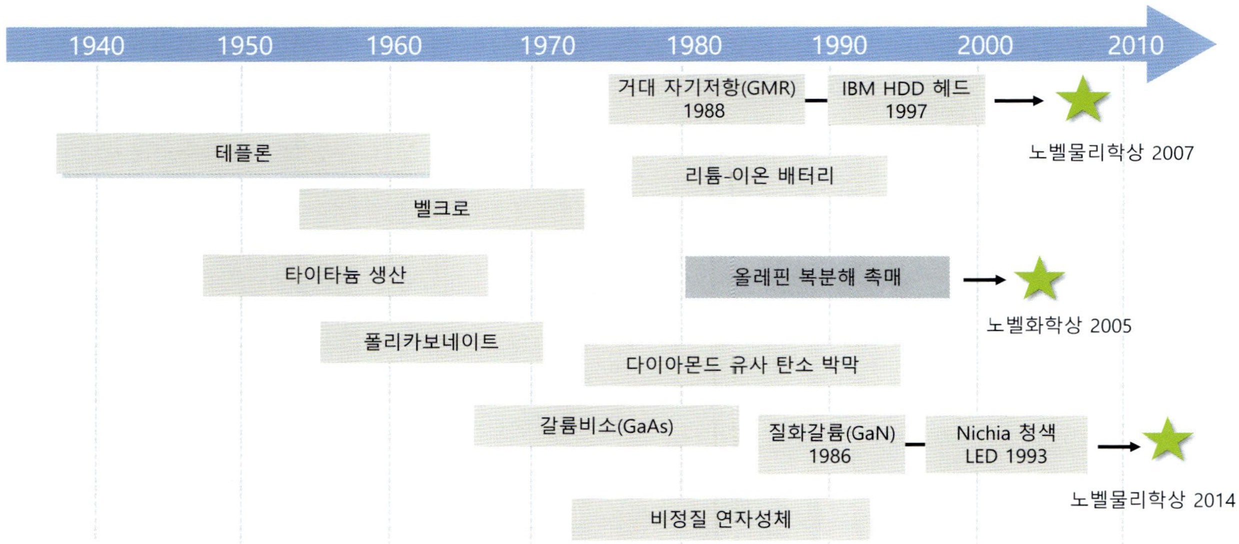

그림 8-2 지난 80년간 개발된 소재의 대표적 사례와 개발 기간

적용될 수 있다.

소재 영역은 제품의 가치사슬에서 원재료, 기초소재, 가공소재를 포괄하며 모듈부품 · 완제품 등의 후방산업을 지원하는 전방산업에 속한다. 그림 8-2는 지난 80년간 개발된 대표적 소재 사례를 보여 준다.

신소재의 발견부터 상용화까지는 약 10~20년 이상의 오랜 기간이 필요하다. 즉, 소재 개발은 장기간에 걸쳐 막대한 투자비가 소요되며 성공할 확률이 낮고, 시장 진입에 장기간이 소요되므로 많은 인내가 필요하다. 그러나 성공한다면 산업과 국가 경제에 미치는 영향이 지대하다. 즉, 전형적인 고위험high-risk 고수익high-return 특징을 갖는다(그림 8-3).

컴퓨터, 평판 디스플레이 TV, 하드디스크 드라이브, LED 조명, 배터리 장치, 자동차, 비행기 등 일일이 열거할 수 없는 수많은 제품의 혁신은 신소재를 적용하면서 가능해졌다. 촉매, 전도성 고분자, 집적회로, 거대 자기저항, 준결정, 버키볼(C_{60}), 청색 LED, 그래핀 등 신소재의 발견자들은 다수의 노벨상을 받았다. 물론 노벨상을 받은 과학적 연구성과가 반드시 산업화로 이어지는 것은 아니다.

역으로 산업용 연구의 성과가 노벨상으로 이어지기도 한다. 청색 LED 개발로 2014년 노벨물리학상을 받은 캘리포니아대 샌타바버라 캠퍼스 재료공학과 슈지 나카무라Shuji Nakamura 교수는, 일본 도쿠시마대학에서 석사학위를 취득하고 1979년부터 20년간 중소기업인 니치아 화학공업에서 근무하면서 청색 LED의 기본소재인 질화갈륨(GaN) 반도체 개발에 성공했다. 당시 이 회사 사장은 나카무라에게 수억 엔의 거금을 연구비로 선뜻 내주었다고 한다. 이러한 안목으로 니치아는 1994년부터 청색 LED 분야에서 매출을 거두고 있다.

사례 1 청색 LED 소재로 인해 열린 신산업
청색 LED 소재(일본 니치아화학공업): 1990년에 개발되어 1994년부터 매출이 발생하였고 특허권이 유효한 2010년까지 니치아의 추정 매출액은 1조 2천억 엔으로 산정됨. 이 매출액 중 50%인 6천억 엔이 청색 LED 기술로 인한 것이며, 이익률을 20%로 잡는다면 니치아가 벌어들이는 금액은 1천 2백억 엔(약 1.5조 원).

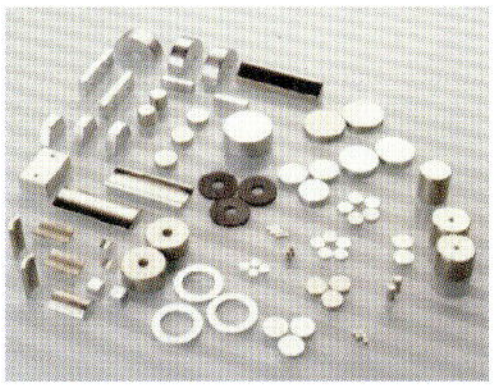

사례 2 NdFeB 소결 자성소재 개발로 영구자석 시장 주도
NdFeB 소결 자성소재(일본 히타치 금속): 1983년부터 개발 기간 10년 소요, 개발 투자비 3,000억 원, 소결 자성소재 시장 35% 점유, 2010년 매출 규모 14억 달러.

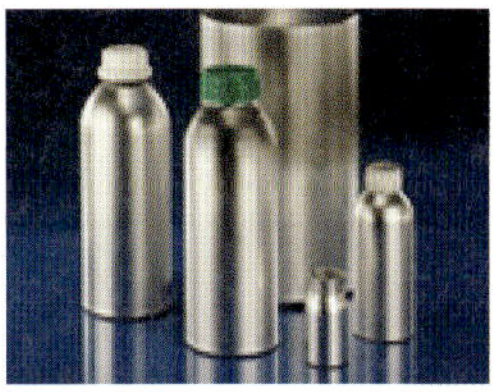

사례 3 캔형 알루미늄 합금판재개발로 매출 증대
캔형 알루미늄 합금판재(노벨리스 코리아): 1990년부터 개발기간 15년 소요, 개발 투자비 5,000억 원, 세계시장 10% 점유, 2010년 매출 규모 5억 달러.

사례 4 FINEX 제철 공정개발로 국제경쟁력 제고
세계 최초의 혁신적인 제철 기술개발(한국 포스코): 1990년부터 2007년(총 17년)까지 총 1조 6천억 원(정부 222억 원)의 연구개발비 투입. 기존 고로 대비 설비투자비는 20% 감소, 제조원가는 15% 절감.

그림 8-3 고위험-고수익 소재 개발 사례

소재의 개발이 이렇게 오랜 기간이 걸리는 이유는 기술적 경험에 의존하는 경향이 커서 많은 시행착오가 따르기 때문이다. 또한, 소재 연구개발의 각 단계별로 각기 다른 개발자에 따라 순차적으로 진행되는 특징 때문이기도 하다(그림 8-4). 이러한 소재 개발은 과다한 인적, 물적 투자와 장기간의 개발 시간이 필요한 매우 소모적이란 문제점이 있다. 한 예시로 발명왕 토마스 에디슨이 전구에 들어가는 필라멘트 개발에 300가지 소재를 실험했다고 알려져 있다.

1969년 7월 20일 미국의 우주인들이 아폴로 11호를 타고 인류 최초로 달에 발을 디뎠다. 아폴로 11호의 달 탐사계획은 우주선보다 우주복 개발이 늦어져 탐사가 지체된 사례이다. 달 표면은 온도가 최하 -233℃에서 최고

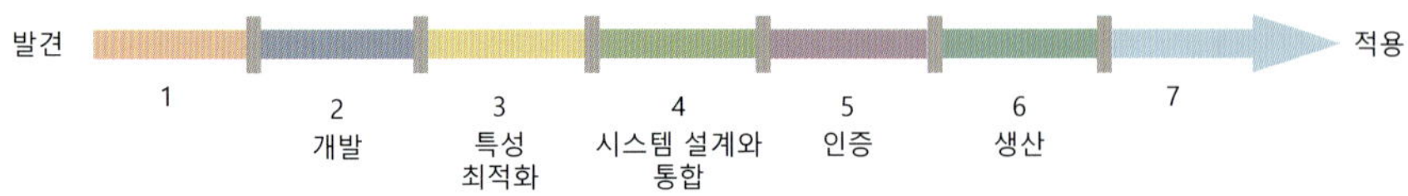

그림 8-4 순차적으로 진행되는 기존의 소재 연구개발 방식

출처: Materials Genome intiative for Global Competitiveness, NSTC, USA, 2011. 6

그림 8-5 21겹의 아폴로 11호 우주복

출처: https://obamawhitehouse.archives.gov/tout/materials-genome-initiative-sidebar-tout

+150℃이며 압력도 낮은 악조건의 환경이다. 그림 8-5에서 보이는 이 우주복은 '21-layer A7L'로 명명되었는데, 미국 우주항공우주국NASA에서 선정한 인터내셔널 라텍스International Latex Corporation란 회사에서 납품 계약을 따냈다. 당시 이 회사는 섬세한 기술력이 필요한 여성 속옷을 만들고 있었다. 나일론, 테플론, 벨크로 등 첨단소재로 겹겹이 공을 들여 우주복을 완성하였는데, 이러한 소재들은 당시 굴지의 화학소재 기업인 듀폰사에서 개발된 것이었다.

과거 듀폰사에서 오랜 개발업무에 종사한 지인에 의하면 듀폰사에서는 연구진에 의해 일 년에 2천여 개 이상의 아이디어가 나오는데, 이 중에서 개발까지 이어지는 경우는 2~3건, 그리고 상용화가 되는 것은 1건 정도라고 한다. 그만큼 소재의 연구개발은 장기적 투자와 집념이 필요하다.

선진국은 신소재 개발에 속도전을 펴는 중

21세기에 들어 소재 연구개발 방식의 전환이 제기되고 있다. 연구실에서 제조 현장까지의 기간을 10년 안으로 달성하기 위해, 최근에 부각되고 있는 다양한 혁신적인 연구방법론을 적극적으로 활용해야 한다. 그림 8-6은 새롭게 부각되고 있는 소재 연구방법들이다. 혁신적인 방법론으로는 지난 30여 년간 비약적으로 발전해 온 계산재료과학, 디지털 데이터, 조합실험법, 새로운 소재의 복잡한 특성을 함께 보여 줄 수 있는 측정평가[2] 기술을

2 예로 화학조성-기계적 성질-전기광학특성의 3차원 가시화가 있다.

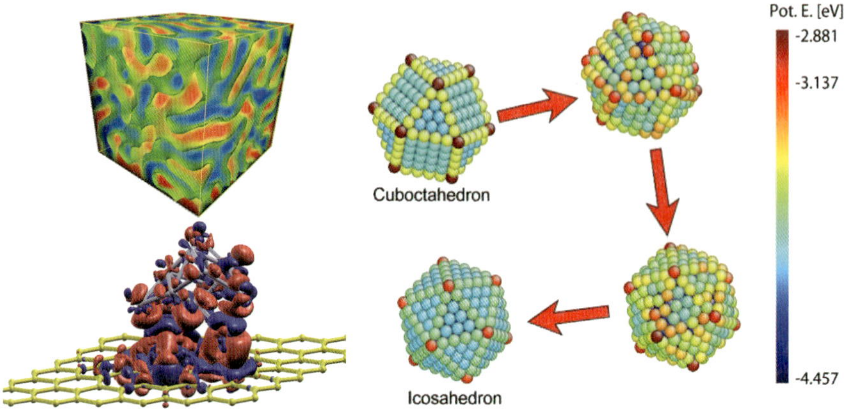

계산재료과학을 이용한 소재 및 공정설계

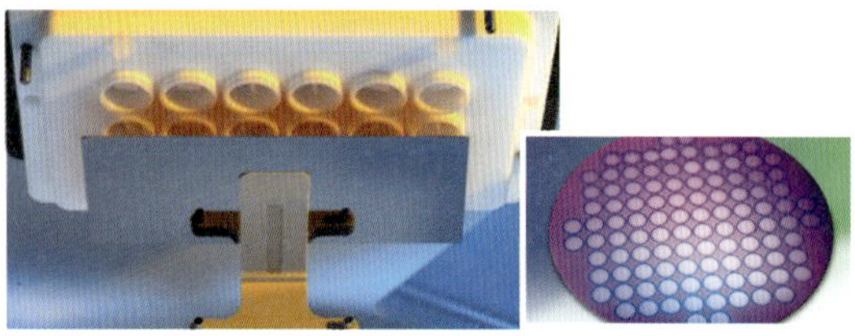

조합실험에 의한 고효율의 공정 최적화

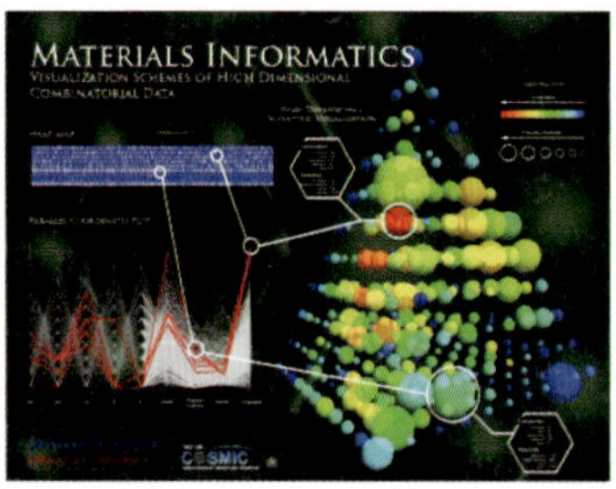

재료 정보학에 의한 최적소재 탐색

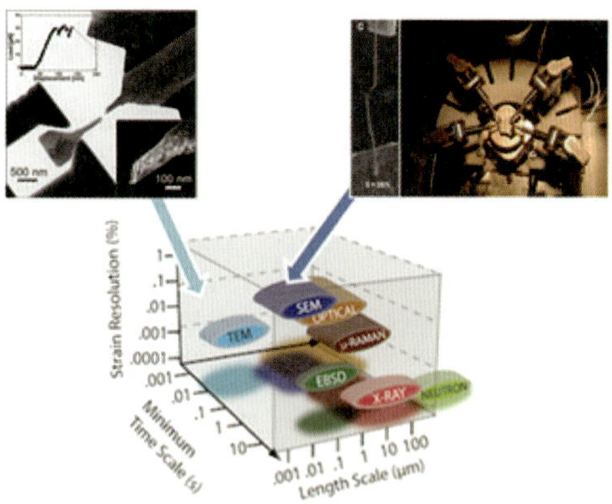

실시간 다중물성 측정기술의 발전

그림 8-6 소재 연구에서 부각되고 있는 새로운 연구 방법들

출처: 창의소재 디스커버리 사업 기획보고서, 미래창조과학부, 2013. 06.

들 수 있다.

또한 소재의 설계에서 합성, 최적화 및 응용기술 개발 등 연구개발의 각 단계가 유기적으로 연계되도록 동시적(concurrent)으로 진행되어야 한다. 재료과학뿐만 아니라 기초과학(수학, 물리학, 화학, 생물학) 및 전기전자공학, 화학공학, 기계공학 등 소재 관련 전문인력과 융합인력을 총동원해 학제 간 융합연구로 돌파구를 찾아야 한다. 나아가 지역을 벗어나 핵심기술이 있는 연구자를 찾아 글로벌 아웃소싱까지 추구하는 개방형 혁신open innovation으로 문제를 해결할 필요가 대두되고 있다.

기술 변화의 트렌드를 간파한 선진국들은 기초과학 및 첨단기술의 성과를 반영하여 연구개발의 효율성 증대(개발비용의 획기적 감축), 기술개발 주기 단축(속도전), 고부가가치 추구(선택과 집중)를 강조하는 신 패러다임으로 전환하는 국가 차원의 소재 기술 발전방안을 수립하고 있다. 2011년 6월 미국의 버락 오바마 대통령은 카네기멜런대Carnegie Mellon University에서 행한 연설에서 「소재 지놈 발전전략Materials Genome Initiative, MGI」 추진을 천명했다(그림 8-7).

“기업이 신소재를 기존보다 두 배 더 빠르게 발굴, 개발, 그리고 현장에서 적용할 수 있도록, 우리는 소재 지놈 발전전략을 추진합니다. 실리콘 회로와 리튬 이온 배터리의 발명으로 컴퓨터와 iPod, iPad가 가능해졌지만 이러한 기술을 설계부터 시장에 출시하는 데 여러 해가 걸렸습니다. 우리는 더 빨리할 수 있습니다.”

이 전략은 지놈(유전체)이라는 단어에서 알 수 있듯, 소재를 과학의 핵심 DNA로 보고 기초연구부터 상용화까지 집중 지원한다. 앞서 2000년 빌 클린턴 대통령이 나노기술 발전전략을 천명하였듯이 미국은 주요 과학기술

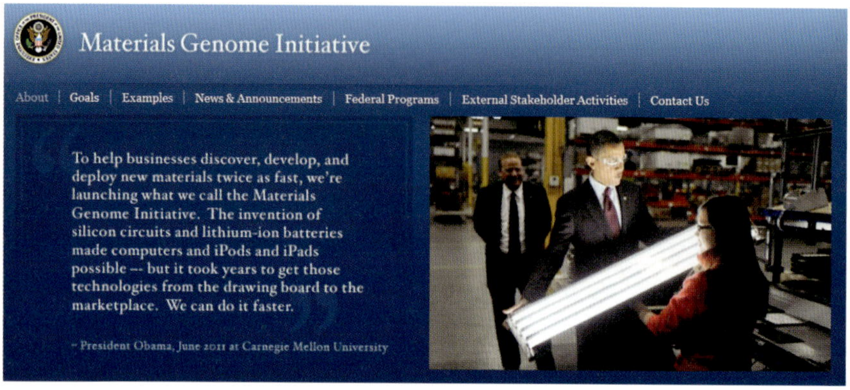

그림 8-7 2011년 미국 오바마 대통령이 천명한 MGI

출처: https://www.mgi.gov

전략을 제시하는 데 대통령이 직접 뛴다는 점이 놀랍다.

미국은 앞서있는 소재 설계 소프트웨어와 데이터베이스 등의 전산 시스템을 기반으로 한 소재 연구의 혁신 개념을 제시하고 있다. 신소재를 보다 신속하고 경제적으로 발견, 개발, 제조할 수 있는 인프라 구축과 교육을 통해 '소재의 개발 기간을 1/2으로 단축'하자는 비전이다. 이를 달성하기 위해서는 독일, 중국, 한국 등에 비해 미국의 제조업 기반이 부족하므로 기존의 연구방식으로는 경쟁력 유지가 불가능하다고 판단했다. 그래서 2013년도에 1억 달러의 예산을 투입하고, 범부처 프로그램을 개발하여 운영하면서 MGI 촉진을 위한 다음의 4가지 방안을 제시하고 있다.

① 산학연 및 분야 간 경계를 초월한 R&D를 촉진·장려하는 문화적 변화

② 실험, 계산, 이론을 통합하고 산업적 응용을 위한 고급 소재 데이터 구축

③ 연구자가 쉽게 이용할 수 있는 소재 관련 디지털 데이터 인프라의 구축[3]

④ 첨단제조분야의 고용 창출을 포함한 세계최고의 소재 관련 인력양성

유럽연합(EU)은 신소재 발굴과 개발을 위한 지원을 강화하기 위하여, EU 내 소재 관련 이해관계자들의 의견을 수렴하는 소재 연구 로드맵Research Road Mapping in Materials을 2010년부터 마련하여 운영 중이다. 일본은 「신원소전략 프로젝트」를 2012년부터 수립하여, 기존의 '원소전략 프로젝트'의 성과를 토대로 향후 고기능재료의 특성 · 기능 발현의 열쇠를 쥐는 희소 원소를 대체하기 위한 혁신적 신소재의 개발을 시작했다. 중국도 2012년 「중국 신소재 산업 12-5 발전계획」을 수립하여 중점 신소재 기업의 연구개발 투입 규모가 총매출액에서 차지하는 비중을 5%에 달하게 하려는 목표를 설정했다.

우리나라의 소재 개발

우리나라는 일찍이 소재 산업의 중요성을 인식하고 있었다. 정부는 2001년 부품 · 소재 산업의 경쟁력이 향후 제조업 성장의 지속가능성을 높일 힘의 원천이란 판단하에, 부품 · 소재 산업 육성정책을 본격적으로 추진해 왔다. 2001년 부품 · 소재특별조치법 제정 이후, 2000~2010년간 총 2조 원의 재정을 투입했다. 2017년에는 소재 · 부품전문기업 등의 육성에 관한 특별조치법을 제정하였고, 2019년 7월 일본이 우리나라에 대한 자국의 반도체 핵심

3 그 예로 Materials Project가 있다. 세계 누구에게도 개방된 Open Web 기반 소재물성 계산 예측 도구이다. https://www.materialsproject.org/

소재 수출규제에 맞서, 2019년 말 소재 · 부품 · 장비산업 경쟁력 강화를 위한 특별조치법(약칭: 소재부품장비산업법)[4]을 제정했다. 지난 20년간 소재산업의 수출 및 무역수지 흑자 확대, 기술경쟁력 제고, 글로벌 부품 · 소재기업 육성 등에서 괄목할 만한 성과도 거두었다[5].

그러나 유독 일본에 대한 무역수지는 1965년 국교 정상화 이래 매년 약 150조 원 규모로, 총 누적 적자는 700조 원을 넘겼다. 이 적자폭 중 절반이 일본에서 들여오는 부품 소재 때문이었다. 특히 반도체, 디스플레이 제품에 들어가는 핵심 IT 소재들은 일본기업이 세계시장을 독식하고 있어 대일역조의 주범으로 작용하고 있다. 아무리 전자제품을 많이 수출해도 제품에 들어가는 소재를 국산화하지 못한다면 실속 없는 장사가 될 수밖에 없다. 대일무역역조 지속, 중소중견 부품소재기업의 동반성장 생태계 미흡, 첨단소재 분야의 취약한 경쟁력은 여전히 풀어야 할 숙제이다.

세계 각국 소재 기술 전략의 무게중심은 시장선점을 위한 제품화 소재기술 획득에서 원천기술(특허) 획득으로 옮겨가고 있다. 이에 따라 우리나라도 소재 기술 연구개발 시스템 구축을 통한 적극적인 대응이 필요한 시점이다. 정부와 기업에서 소재 분야에 대한 연구개발 투자를 늘리고, 경쟁력을 강화하기 위해 노력해야 한다. 이를 통해 신소재 분야의 질적 성장과 소재 산업의 글로벌 경쟁력 증진을 도모할 수 있을 것이다.

특히 원천기술(특허) 부재로 특허소송 등의 분쟁에 휘말리면 막대한 피

4 「소재 · 부품 · 장비산업 특별조치법」 4월1일 시행된다. 산업통상자원부 소재부품장비총괄과. 2020.01.22.

5 2001년 27억 달러에 그쳤던 소재 · 부품 무역수지 흑자는 2019년 1,391억 달러까지 늘었다.

해가 발생한다[6]. 2011년 시작한 미국 듀폰사와 코오롱Kolon사 간 아라미드aramid[7] 특허 침해 관련 소송에서 보듯 소재 특허의 확보는 매우 중요하다. 코오롱과 KIST가 80년대에 개발한 아라미드 펄프 제조기술은 미국 듀폰사가 원자재의 원천 특허를 소유하고 있어서 그동안 국내 산업체에 의한 산업화에 큰 장애가 됐다. 코오롱이 민사 합의금 2,954억 원과 형사 벌금 913억 원을 각각 납부하기로 하며 2015년 합의가 이루어졌다.

우리나라 정부도 첨단소재 분야의 취약한 경쟁력은 기초 · 원천기술의 부재에 기인한 결과로 인식하고, 궁극적으로 기초 · 원천기술 확보를 위한 국가전략 수립에 나섰다. 2013년 당시 미래창조과학부(현, 과학기술정통부)는 미래소재 디스커버리사업을 기획하였고, 예산을 확보하여 2016년부터 2021년까지 대학과 정부출연연구소를 대상으로 총 24개 연구단을 선정하여 6년간의 연구를 지원해주고 있다. 이 사업의 목적은 신연구방법론[8]을 활용하여 기존에 존재하지 않는 새로운 물성과 기능을 구현하는 신소재 개발과 원천성이 높은 특허를 확보하는 것이다. 그밖에 나노소재원천기술개발사업을 통해 소재 분야 기초연구를 지원하고 있다. 민간 부분에서도 삼성전자가 2013년부터 1조 5천억 원을 출연해 10년간 기초과학, 소재, ICT 분야를 지원하는 삼성미래기술육성사업을 진행하고 있다.

정부와 더불어 더 많은 기업과 공익재단에서 소재에 관한 기초연구를 지

6 듀폰 대 코오롱 소송. 연합뉴스 2015.05.01. http://ko.wikipedia.org/wiki/듀퐁_대_코오롱_소송.

7 아라미드는 가벼우면서 고강도, 내열성을 갖는 섬유로 방탄복, 광케이블, 항공기용 복합재 등에 두루 쓰인다. 연간 시장은 연간 2조 원 규모이다.

8 계산재료과학, 조합실험법, 실시간 다중물성 분석기법 및 재료정보학 등 기존 연구방법론과는 다른 미래소재 구현을 위한 새로운 연구방법론을 의미한다.

원해준다면, 독창적인 소재 기술 확보와 더불어 대학에서 전문인력을 꾸준히 양성하여 언젠가는 우리나라도 소재 강국의 면모를 갖출 수 있으리라 생각한다. 이외에도 기업에서는 우리나라 대학에서 창출한 소재 특허들에 관심을 갖고 적극적으로 기술이전을 진행할 필요가 있다. 우리나라 대학의 소재 연구역량도 이제는 선진국 못지않게 높아졌다고 생각한다. 대학에 당장 상용화할 수 있는 특허만을 기대하는 것은 무리이다. 그러나 꾸준히 특허 기술이전을 실시한다면, 대학은 이를 재투자하여 연구자들의 연구 의욕을 고취하는 동시에 신기술을 창출하는 선순환 고리를 만들 수 있을 것이다.

부록

소재의 기본 원리

소재의 기본 요소: 원자

고체 상태의 소재(혹은 물질)를 가장 간단히 표현하자면 원자 혹은 분자들의 집합체라고 말할 수 있다. 예를 들어 1 cm^3 부피의 고체에는 약 10^{22}개의 원자가 들어 있다. 분자는 원자들의 집합체이고, 원자는 화학 변화에서 성질을 그대로 유지하는 물질 구성의 최소 입자이다. 원자는 원자핵과 전자로 이루어져 있으며, 원자핵은 다시 양성자와 중성자로 분리할 수 있다. 물론 물리학의 발전에 따라 물질을 구성하는 더 작은 입자의 존재가 점차 밝혀지고 있지만 책의 수준을 벗어나므로 여기서는 거론하지 않겠다.

원자번호atomic number는 원자핵 속의 양성자 수를 말하며, 같은 원소의 모든 원자는 같은 원자번호를 갖는다(그림 1). 질량수mass number는 원자핵 속의 양성자 수와 중성자 수의 합이다. 같은 원소의 원자핵은 같은 개수의 양성자를 가지지만 중성자의 수는 다를 수 있다. 즉, 같은 원소라고 하더라

1	2	3	4	5	6	7	8	9	10	11	12	13	14	15	16	17	18
1 **H** 수소																	2 **He** 헬륨
3 **Li** 리튬	4 **Be** 베릴륨											5 **B** 붕소	6 **C** 탄소	7 **N** 질소	8 **O** 산소	9 **F** 플루오르	10 **Ne** 네온
11 **Na** 소듐	12 **Mg** 마그네슘											13 **Al** 알루미늄	14 **Si** 규소	15 **P** 인	16 **S** 황	17 **Cl** 염소	18 **Ar** 아르곤
19 **K** 포타슘	20 **Ca** 칼슘	21 **Sc** 스칸듐	22 **Ti** 티타늄	23 **V** 바나듐	24 **Cr** 크롬	25 **Mn** 망간	26 **Fe** 철	27 **Co** 코발트	28 **Ni** 니켈	29 **Cu** 구리	30 **Zn** 아연	31 **Ga** 갈륨	32 **Ge** 저마늄	33 **As** 비소	34 **Se** 셀레늄	35 **Br** 브로민	36 **Kr** 크립톤
37 **Rb** 루비듐	38 **Sr** 스트론튬	39 **Y** 이트륨	40 **Zr** 지르코늄	41 **Nb** 나이오븀	42 **Mo** 몰리브데넘	43 **Tc** 테크네튬	44 **Ru** 루테늄	45 **Rh** 로듐	46 **Pd** 팔라듐	47 **Ag** 은	48 **Cd** 카드뮴	49 **In** 인듐	50 **Sn** 주석	51 **Sb** 안티모니	52 **Te** 텔루륨	53 **I** 아이오딘	54 **Xe** 제논
55 **Cs** 세슘	56 **Ba** 바륨		72 **Hf** 하프늄	73 **Ta** 탄탈럼	74 **W** 텅스텐	75 **Re** 레늄	76 **Os** 오스뮴	77 **Ir** 이리듐	78 **Pt** 백금	79 **Au** 금	80 **Hg** 수은	81 **Tl** 탈륨	82 **Pb** 납	83 **Bi** 비스무트	84 **Po** 폴로늄	85 **At** 아스타틴	86 **Rn** 라돈
87 **Fr** 프랑슘	88 **Ra** 라듐		104 **Rf** 러더포듐	105 **Db** 더브늄	106 **Sg** 시보귬	107 **Bh** 보륨	108 **Hs** 하슘	109 **Mt** 마이트너륨	110 **Ds** 다름슈타튬	111 **Rg** 뢴트게늄	112 **Cn** 코르페니슘	113 **Nh** 니호늄	114 **Fl** 플레로븀	115 **Mc** 모스코븀	116 **Lv** 리버모륨	117 **Ts** 테네신	118 **Og** 오가네손
			57 **La** 란타넘	58 **Ce** 세륨	59 **Pr** 프라세오디뮴	60 **Nd** 네오디뮴	61 **Pm** 프로메튬	62 **Sm** 사마륨	63 **Eu** 유로퓸	64 **Gd** 가돌리늄	65 **Tb** 터븀	66 **Dy** 디스프로슘	67 **Ho** 홀뮴	68 **Er** 어븀	69 **Tm** 툴륨	70 **Yb** 이터븀	71 **Lu** 루테튬
			89 **Ac** 악티늄	90 **Th** 토륨	91 **Pa** 프로트악티늄	92 **U** 우라늄	93 **Np** 넵투늄	94 **Pu** 플루토늄	95 **Am** 아메리슘	96 **Cm** 퀴륨	97 **Bk** 버클륨	98 **Cf** 캘리포늄	99 **Es** 아인슈타이늄	100 **Fm** 페르뮴	101 **Md** 멘델레븀	102 **No** 노벨륨	103 **Lr** 로렌슘

Legend: 1 (원자번호) / **H** (원소 기호) / 수소 (원소명)

그림 1 전자배열을 중심으로 원자를 구분해 놓은 주기율표

도 질량수가 다를 수 있다. 원자번호는 같지만 질량수가 다른 원자들을 서로 동위 원소isotope라 한다. 자연의 원소들은 대부분 동위 원소의 혼합물로 구성되지만, 대게는 주된 동위 원소가 있기 마련이다. 예를 들어 탄소는 질량수가 12인 탄소와 13인 원자의 혼합물로 구성되며, 주된 동위 원소는 질량수가 12인 탄소이다. 우리가 이제까지 발견한 원자의 종류는 약 100여 가지에 이른다.

원자의 특성을 결정짓는 가장 중요한 요인은 원자 내에서 전자가 배열하는 상태라고 할 수 있다. 원자 내 전자의 배열상태를 간단하지만 현실과 비슷하게 설명한 최초의 과학자는 닐스 보어Niels Bohr[1]이다. 그는 원자의 중심에 양(+)의 전하를 갖는 원자핵이 있으며, 그 원자핵 주변을 음(–)의 전하를 갖는 전자가 특정한 궤도를 따라 회전 운동하고 있다고 주장했다(그림 2). 보어는 또한 외부에서 에너지를 흡수하면 전자는 더 바깥쪽 궤도로 전이jump하고, 안쪽 궤도로 전이하는 경우에는 에너지를 발산한다는 이론을 발표했다.

위의 이론에서 보듯이 전자들은 원자 내에서 마음대로 존재하는 것이 아니고, 일정한 법칙을 따라 원자핵 주위의 특정한 궤도를 돌고 있다. 각각의 궤도마다 허용된 전자의 수는 정해져 있으며 바깥 궤도로 갈수록 전자의 에너지도 커지고 허용된 전자의 수도 증가한다. 모든 물질은 에너지가 낮으면 안정하므로 전자는 안쪽 궤도부터 채워지며 최외각 궤도의 전자 수는

1 닐스 보어(1885-1962)는 덴마크 태생의 물리학자로서 원자 구조의 양자론적 모델을 처음으로 제안하였고, 이와 관련하여 1922년에 노벨상을 수상하였으며 핵물리학 분야에 많은 업적을 쌓았다. 원자번호 107번의 원소에는 그의 업적을 기리기 위해 보륨Bohrium: Bh이라는 이름이 붙여졌는데, 보륨은 납(Pb)과 크롬(Cr)이 원자핵 반응을 함으로써 만들어지는 휘발성 인공원소이다.

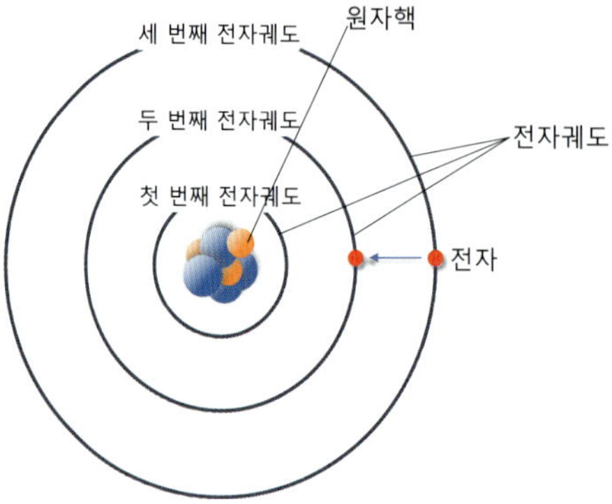

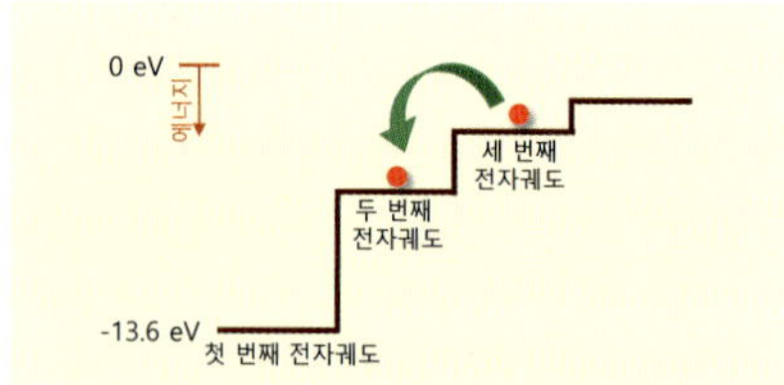

전자는 원자 핵 주변의 원형 궤도를 따라 공전한다. 각 궤도는 정해진 크기와 에너지 준위를 갖는다. 전자가 바깥 궤도에서 원자핵과 가까운 궤도로 전이할 때, 해당 궤도의 에너지 차이만큼 에너지를 방출한다. 그림은 세 번째 전자궤도에서 두 번째 전자 궤도로 전자가 전이하는 발머 전이의 모식도이며, 이때 파장은 656 x 10^{-9} m 이며, 1.89 eV의 에너지를 갖는 붉은색 빛을 방출한다.

그림 2 닐스 보어가 제안한 원자의 구조

8개를 초과할 수 없다. 최외각 궤도의 전자를 가전자valence electron라고 하는데, 이 가전자의 존재에 따라 물질의 화학적 성질이 달라진다.

최외각이 8개의 전자로 꽉 채워진 물질은 화학적으로 안정한 상태를 가지며, 주기율표에서 18족 원소들(He, Ne, Ar 등)이 이에 해당한다. 화학적으로 안정하다는 것은 다른 물질과의 반응을 통해 변하려고 하지 않는다는 것이다. 18족 원소들과 달리 최외각 전자가 8개가 아닌 물질들은 가전자의 수를 8개로 맞추기 위해 주위의 다른 물질들과 반응하여 변할 수 있다.

원자 간의 결합

원자 간에 결합이 생기는 이유는 총에너지를 감소시키기 위해서이다. 총에너지가 감소한다는 것은 더 낮은 에너지 상태가 되는 것이며, 결합을 통해 낮은 에너지 상태가 된 물질들은 안정해진다. 원자가 점점 가까워지면 원자 간에 잡아당기는 힘attractive force(인력)과 서로 밀치는 힘repulsive force(척력)이 변하게 되는데, 이 두 가지 힘이 균형을 이루는 간격이 평형 원자 간 거리가 된다. 보통 원자 간 결합력이 큰 물질은 녹는점이 높은데, 이러한 원자 간의 결합을 분류하면 다음과 같다,

1차 결합Primary bonding

1차 결합은 전자를 이웃 원자로 넘겨주거나 이웃 원자와 전자를 공유하여 형성하는 비교적 강한 화학적 결합이다. 이온 결합, 공유 결합, 금속 결합 등이 이 범주에 해당한다.

이온 결합ionic bonding은 전자를 구속하는 힘(전기음성도)의 차이가 큰 원소 간에 발생한다. 전자를 구속하는 힘이 큰 원소는 구속하는 힘이 더 작은 원소로부터 전자를 받을 수 있다. 처음의 중성 상태에서 전자를 받았으므로 음이온(–)의 상태가 된다. 전자를 내준 원소는 양이온(+)의 상태가 된다. 음이온과 양이온 사이에는 전기적인 인력이 작용하므로 결합이 생기고, 이를 이온 결합이라고 한다. 이온 결합으로 이루어진 물질에서는 전자가 자유롭게 움직일 수 없어서 전기가 잘 통하지 않는다. NaCl, MgO, Al_2O_3 같은 세라믹이 이온 결합으로 이루어졌다.

공유 결합covalent bonding은 인접 원자끼리 전자를 공유하며 생기는 결합이다. 동종 원소 사이에는 순수한 공유 결합이 생기지만 이종 원소 사이에서는 이온 결합과 공유 결합의 복합적인 결합이 형성된다. SiC, BN, 다이아몬드 같은 세라믹이 공유 결합으로 이루어졌다.

금속 결합metallic bonding은 양이온과 전자구름 간의 전기적 인력에 의한 결합으로, 이온 결합이나 공유 결합에 비해 세기가 약하다. 금속 결합을 하는 물질이 금, 은, 동, 철 같은 금속이며, 금속의 최외각 전자는 어떤 특정한

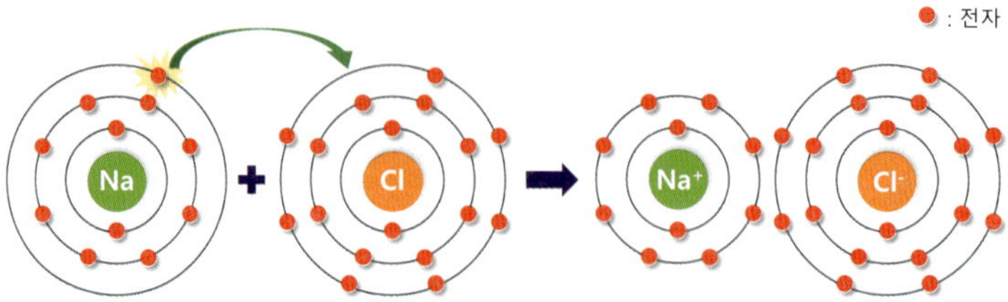

(a) 이온 결합의 형성 과정을 보여주는 모식도

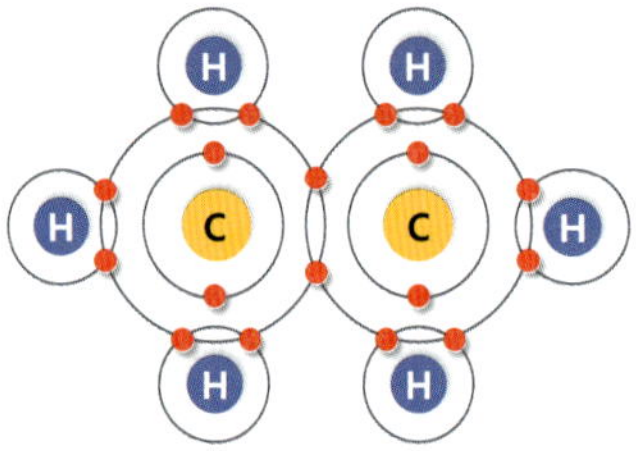

(b) 공유 결합 모식도

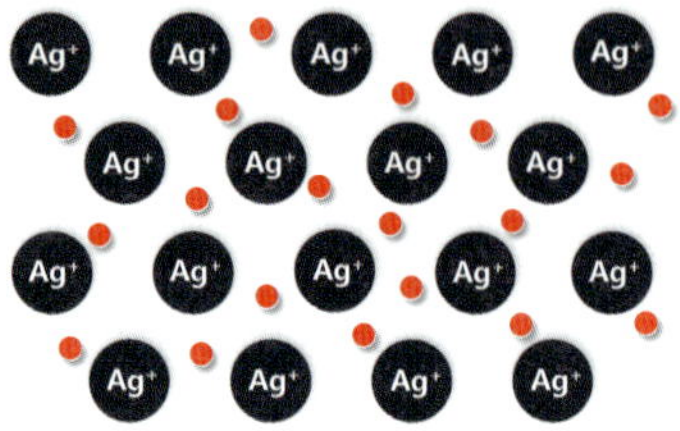

(c) 금속 결합 모식도

그림 3 결합의 종류를 보여주는 모의 모형

원자에 의해 구속되어 있지 않으므로 자유롭게 움직일 수 있다. 금속이 전기가 잘 통하는 이유가 바로 여기에 있다.

2차 결합Secondary bonding

2차 결합은 전자의 전이나 공유가 없는 상태에서 형성하는 비교적 약한 물리적 결합이다. 반데르발스Van der Waals 결합과 수소 결합이 대표적인 예이다. 반데르발스 결합은 분자-분자 혹은 원자-원자 결합으로, 서로 결합하고 있는 원자나 분자 단위 내에서 양전하와 음전하가 비대칭적으로 분포하여 발생하는 인력이 결합의 원인이 된다. 결합력이 작으므로 상온에서도 서로 멀리 떨어질 수 있어서 기체의 형태를 가질 수 있다.

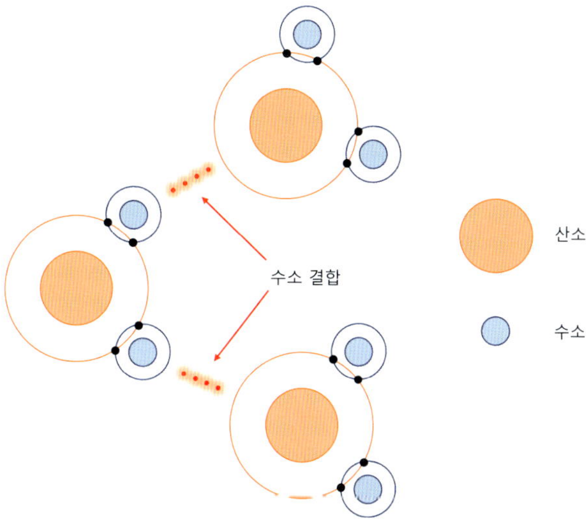

그림 4 H_2O 구조에서의 수소 결합 모델

수소 결합hydrogen bonding은 영구쌍극자permanent dipole를 갖는 분자 단위가 포함되어 있을 때 생기는, 약간 강력한 2차 결합이다. 물 분자를 연결하는 수소 가교hydrogen bridge가 좋은 예이다.

원자의 배열: 결정 구조와 결정결함

소재를 구성하는 원자들은 주어진 조건에서 가장 낮은 에너지 상태를 갖는 배열을 한다. 그러한 상태는 가능한 한 주어진 공간에서 기하학적으로 가장 밀집된 원자 배치, 규칙적이고 질서 정연한 배열 때문에 이루어질 수 있는데 이와 같은 구조가 결정 구조이다. 고체 상태의 소재는 크게 결정질crystalline과 비정질amorphous로 나눌 수 있는데, 결정이란 원자가 규칙적으로 배열하고 있는 소재를 의미한다.

결정 중에서도 내부의 원자 배열이 전체적으로 일정한 물질을 단결정 single crystal이라고 하고, 원자 배열의 방향이 같은 단결정 알갱이인 결정립 grain이 여러 개 모여 구성된 형태를 다결정polycrystal이라고 한다. 결정립과 결정립 사이의 계면을 결정립계grain boundary라고 한다. 결정립의 크기와 방향 및 결정립계는 원자의 확산과 기계적 강도, 전기적·자기적 특성에 큰 영향을 미친다.

완벽한 결정 구조perfect crystal는 모든 원자가 주기적으로 정해진 정확한 위치에 존재하는 경우이지만, 이 구조는 실제 고체에서는 존재하기 힘들다.[2] 결정의 일부분이 규칙성에서 벗어났을 때, 이러한 부분을 결정결함 crystalline defect이라고 한다. 재료의 내부에는 점결함, 선결함, 면결함, 기공 pore 등의 여러 가지 결함이 존재할 수 있다. 결정의 전반적인 구조뿐만 아니라 이러한 결함의 존재도 한 소재의 독특한 성질을 나타내는 중요한 원

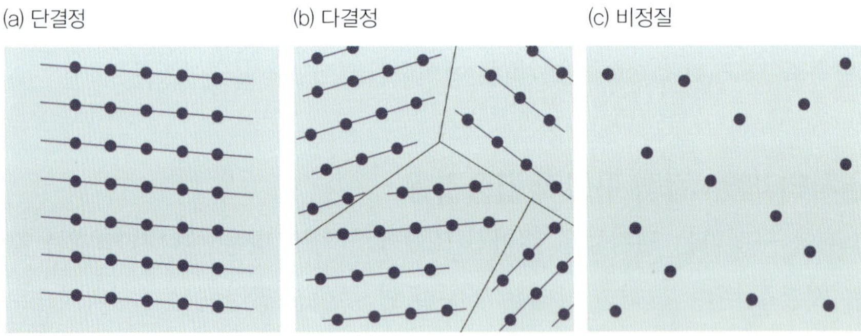

그림 5 고체 상태 소재의 구조

2 현재 인류가 사용하고 있는 소재 중에 가장 완벽한 결정에 가까운 소재는 반도체 제조에 사용되고 있는 단결정 실리콘 웨이퍼silicon wafer 이다.

인이 된다. 위에서 설명한 결정립계는 면결함에 해당한다.

소재의 특성

열적 특성

소재의 열적 특성에는 열용량heat capacity, 열팽창률thermal expansion coefficient, 열전도율thermal conductivity 등이 있다. 어떤 물질은 잠깐만 가열해도 뜨겁게 달아오르지만 어떤 물질은 아주 오랫동안 가열해야 온도가 올라간다. 이와 관련된 성질이 바로 열용량으로, 외부환경으로부터 소재가 열을 흡수할 수 있는 능력을 나타낸다. 단위 온도를 올리는 데 필요한 에너지의 크기로 성의된다.

외부의 온도가 높아지면 열이 원자 진동의 형태로 소재에 전달되어 소재는 외부환경에서 열을 흡수하게 된다. 고체 내의 원자들은 절대온도 0도(0 K, -273℃)에서는 고정되어 있지만, 온도가 증가하면 진동을 하게 되고 이러한 진동은 이웃한 원자들로도 전달된다. 공기의 열용량을 1로 놓는다면, 알루미늄은 0.9, 유리는 0.8, 철은 0.4, 그리고 물은 4.2 정도이다.

또 다른 온도와 관련된 성질은 열팽창이다. 대부분의 고체 재료는 열을 가하면 팽창하고 냉각시키면 수축한다. 원자 관점에서 볼 때, 이와 같은 수축과 팽창은 원자 간의 평균 거리가 변함으로써 일어난다. 온도가 증가하면 원자 진동의 진폭이 커질 뿐만 아니라 평균 거리도 멀어지는 것이다. 열팽창계수가 높은 알루미늄을 1로 놓는다면, 스틸(강)은 약 0.5 정도이며, SiC, TiN, TiC, Al_2O_3 같은 세라믹은 약 0.2~0.3 정도로 낮다.

열전도란 온도가 높은 지역으로부터 낮은 지역으로 열이 이동하는 현상을 말하며, 일반적으로는 자유전자가 많을수록 열전도가 잘된다. 금속이 세라믹 대비 열전도가 높은 이유가 바로 자유전자가 많기 때문이다. 금속인 구리의 열전도도를 1로 놓는다면 세라믹인 유리는 1/2000 정도로 낮다.

기계적 특성

기계적 특성은 소재에 힘을 가할 때 소재가 반응하는 성질을 나타내는 것으로, 고체가 기계나 구조물로 이용될 때 중요한 성질이다. 중요한 기계적 특성으로는 강도strength, 경도hardness, 연성ductility, 강성도stiffness 등이 있으며, 이러한 특성은 원자 혹은 분자 간의 결합력(공유 결합, 이온 결합, 금속 결합 등), 원자들의 배열 방법(단결정, 다결정, 비정질 등), 소재 내부의 여러 가지 결함(불순물 원자, 기공 등), 그리고 결정립의 크기, 모양, 분포 등에 의해 결정된다. 기계적 특성은 힘을 가하는 조건(인장, 압축, 뒤틀림 등)에 따라서도 달라지므로, 그 소재가 응용되는 환경에서의 기계적 성질을 파악하여 이용하는 것이 중요하다.

소재에 외력을 가하면 변형이 일어나는데 이 변형은 크게 탄성 변형elastic deformation과 소성 변형plastic deformation으로 나눌 수 있다. 탄성 변형은 원자 간의 간격이 일시적으로 늘어나 있는 상태로, 외력을 제거하면 원자의 위치가 원래 상태로 되돌아간다. 반면에 소성 변형에서는 원자 간의 결합이 끊어진 다음 원자 면들이 미끄러져 새로운 배치를 하게 되므로 힘이 제거되더라도 원래의 상태로 되돌아가지 못한다.

고체에 힘을 가할 때 탄성 변형 영역에서 힘과 변형은 다음의 관계식을 만족한다.

$$\sigma = E\varepsilon \quad (1)$$

이러한 힘과 변형의 비례관계를 후크의 법칙Hook's law이라고 한다. 여기서 σ는 응력stress으로 단위 면적당 가해준 힘을 의미하며, ε은 변형률strain로 재료의 단위 길이당 변형량을 의미한다. E는 응력과 변형률 간의 비례 관계를 나타내는 탄성 계수인데, 영의 계수Young's modulus라고도 한다.

식 1과 같이 응력과 변형률이 비례하는 변형을 탄성 변형이라 하며 탄성 계수(E)를 소재의 강성도stiffness로 볼 수 있다. 탄성 계수가 클수록 변형이 잘 일어나지 않으며, 금속은 변형 초기에만 탄성 변형이 일어나고 그 이상의 변형에서는 소성 변형이 일어난다(그림 6a). 이에 비해 일반적인 세라믹은 응력을 가해도 변형이 거의 일어나지 않으며 소성 변형이 일어나기 전에 파괴된다(그림 6b). 이러한 성질을 취성brittle이라 한다.

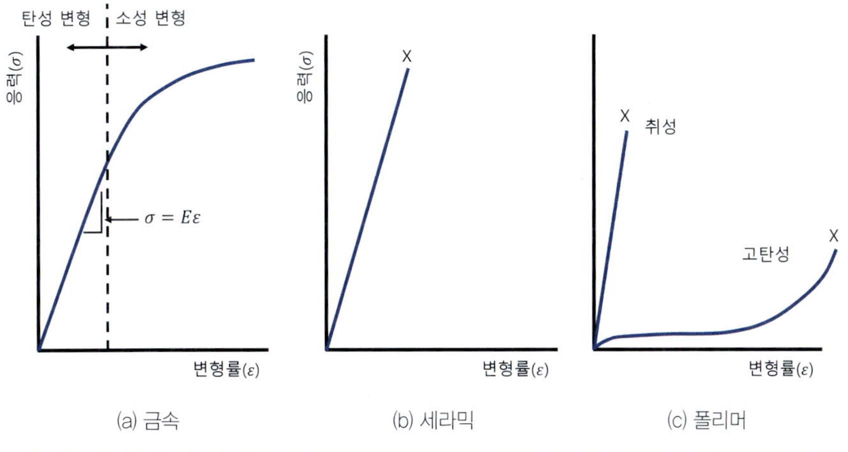

그림 6 여러 가지 소재의 응력–변형률 곡선

그러나 세라믹도 고온에서는 소성 변형을 하는 것도 있으며, 복합구조로 만들어 파괴가 일어나기까지 가해지는 변형량을 크게 한 것도 개발되어 있다. 폴리머와 같이 고탄성을 가진 소재도 있고(그림 6c) 세라믹과 같은 취성을 가진 것도 있다.

여러 가지 기계적 특성 중 경도hardness는 표면에서의 국부 소성 변형에 대한 재료의 저항성을 나타내는 성질이다. 모스Mohs 스케일[3]에 의해 석회를 1로 하고 다이아몬드를 10으로 하는 식별법이 제안됐다. 그 측정값은 절대적인 것이 아니고 상대적인 비교에 기초를 두고 있다. 연성ductility이란 파괴가 일어날 때까지의 소성 변형의 정도를 나타내는 것으로 파괴 시 소성

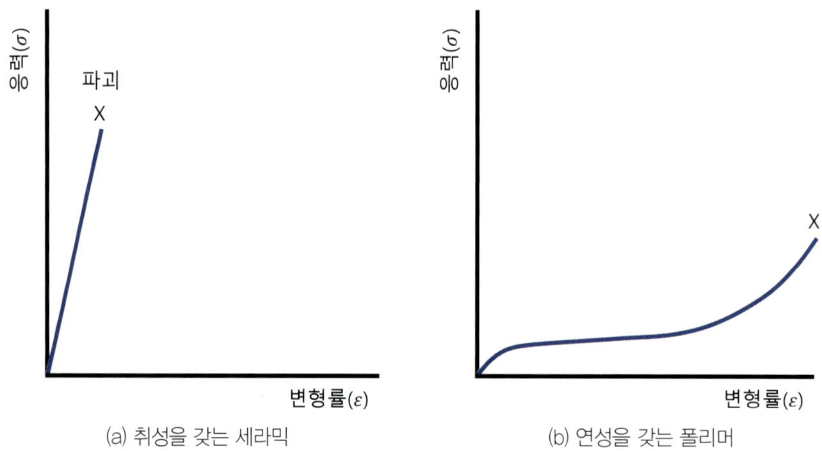

그림 7 취성 소재와 연성 소재의 응력-변형률 곡선 비교

3 독일 광물학자인 프리드리히 모스가 1812년에 제안한 경도의 상대적인 기준이다. 그는 주위에서 구할 수 있는 10가지 광물들을 놓고 서로 긁어서 어느 쪽이 흠집이 나는지 보고 상대적인 "순위"를 매겼다. 예를 들어 석회(1)와 다이아몬드(10)를 비교해 보면 절대경도로는 무려 1500배나 차이가 난다.

변형이 거의 없으면 그 소재는 취성brittle을 갖는다고 말한다. 인성toughness은 파괴가 일어날 때까지 소재가 에너지를 흡수하는 능력을 뜻하며, 일반적으로 연성 소재가 취성 소재보다 인성이 크다.

전기적 특성

전기를 전달하는 성질을 기준으로 재료를 크게 도체, 반도체, 부도체로 분류한다. 이러한 성질은 에너지 밴드energy band라는 개념의 도입으로 설명할 수 있다(그림 8). 전기적 성질은 자유전자의 수에 큰 영향을 받으며 그 전자의 수는 에너지 밴드에 전자가 채워지는 방법에 따라 크게 달라진다. 에너지 밴드는 전자가 존재할 수 있는 에너지 영역을 의미한다. 낮은 에너지 영역인 가전자대valence band에 존재하는 전자는 안정한 상태이므로 전기전도에 관여하지 않지만, 더 높은 에너지 영역인 전도대conduction band로 옮겨가 자유로운 상태가 되면 전기전도에 관여할 수 있다.

부도체는 그림 8a와 같이 가득 찬 가전자대와 완전히 비어 있는 전도대로

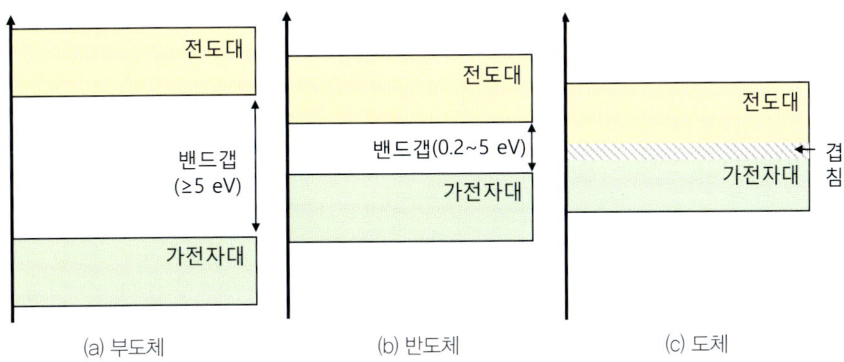

그림 8 재료의 전기전도성에 따른 에너지 밴드 구조

구성되어 있으며, 두 에너지 밴드는 금지대(forbidden band 혹은 energy gap)에 의해 분리되어 있다. 따라서 가전자대의 전자가 금지대의 폭인 밴드갭band gap, E_g 이상의 에너지를 공급받아야만 전도대로 들뜨면서 자유전자의 상태가 되어 전기전도를 할 수 있다. 밴드갭이 크면 클수록 전자의 들뜸excitation 확률이 낮아지므로 자유전자가 적어지고, 전기전도를 일으키기 어렵다.

일반적으로 부도체는 밴드갭 에너지가 5 eV 이상인 물질로 구분하며[4], 이러한 밴드갭은 웬만한 온도와 전기장으로는 극복하기 어려운 에너지 폭이다. 반도체는 그림 8b에서 보는 바와 같이 부도체와 마찬가지로 꽉 찬 가전자대와 비어 있는 전도대로 구성되지만, 밴드갭이 약 0.2~5 eV로 크지 않다. 따라서 적당한 온도나 전기장이 주어지면 자유전자가 생성되어 전기전도성을 띨 수 있다.

반도체가 전기적 장치에 많이 이용되고 있는 이유는 반도체소재나 의도적으로 반도체소재에 넣어주는 불순물[5]에 따라 전기적 성질을 원하는 대로 정확하게 조절할 수 있기 때문이다.

금속(도체)은 그림 8c와 같은 에너지 밴드 구조를 갖는 것으로 가전자대와 전도대가 겹쳐있어 아주 작은 에너지에 의해서도 전자가 쉽게 전도대로 들떠서 자유전자가 생긴다. 이러한 에너지 밴드 구조는 전기적 성질뿐만 아니라 광학적, 열적 성질에도 큰 영향을 미친다.

4 1 eV는 에너지 단위 중의 하나로 1.6×10^{-19} Joule이며, 상온(25℃)의 열에너지는 0.0259 eV이다.

5 매우 순수한(순도 99.999999999%) 단결정 반도체소재에 의도적으로 넣어 주는 불순물을 도펀트dopant라 부르며, 도펀트의 종류와 양에 따라서 전기전도도를 정확히 조절할 수 있다.

광학적 특성

어떤 소재는 빛을 투과하지만 어떤 소재는 그렇지 않다. 또한 같은 소재라고 해도 특정한 파장 영역의 빛은 투과시키지만, 다른 파장 영역의 빛은 차단하기도 한다. 그리고 빛을 받아서 전기를 발생하기도 하고, 전기를 빛으로 바꾸기도 한다. 이러한 소재의 광학적인 성질은 소재 내의 전자들이 전자기파electromagnetic wave와 상호작용을 하면서 일어난다.

빛, 열, 레이더, 전파, X-선 등은 모두 전자기파의 한 형태이다. 각 전자기파는 고유한 파장 범위로 나누어지는데, 그림 9는 주위에서 흔히 접하는 전자기파의 파장 범위를 보여준다. 예를 들어 가시광선은 약 0.4~0.7 μm의 사이의 파장을 가진 전자기파로 0.4 μm의 파장은 보라색, 0.7 μm의 파장은 적색으로 인식된다.

모든 전자기파는 진공에서 빛과 똑같은 속도(3×10^8 m/s)로 진행한다. 고

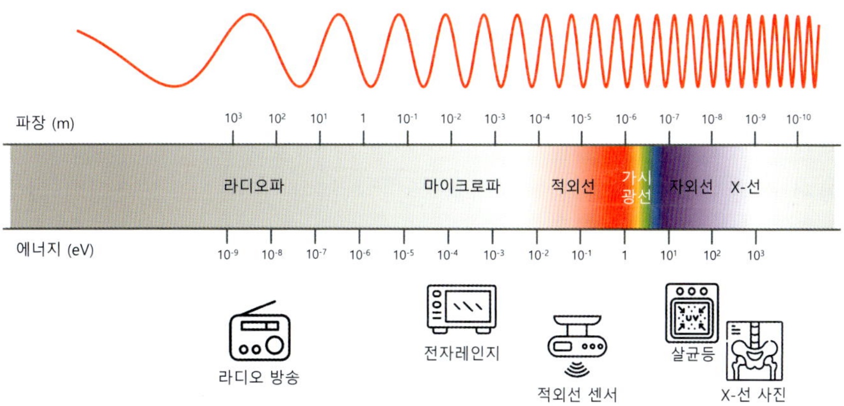

그림 9 일상생활에서 흔히 볼 수 있는 전자기파의 종류

체 표면에 빛이 주사되면 투과되거나, 흡수되거나, 반사된다. 투과에 비해 흡수나 반사가 비교적 적게 일어난다면 그 소재는 투명해 보인다. 빛이 소재를 통과하면서 산란이 일어나 그 소재를 통해서 다른 사물를 볼 때 명확히 구별되지 않는 것을 반투명이라고 하며, 빛이 전혀 통과하지 못하는 현상을 불투명이라고 한다.

전자기파 혹은 빛의 흡수와 방출은 소재 내 전자의 에너지 상태의 변화와 관련 있다. 이미 우리는 고체 상태의 소재가 에너지 밴드 구조를 갖는다는 것을 알고 있다. 금속의 경우는 빛을 대부분 통과시키지 않고 흡수 혹은 반사시키는데, 이는 금속에 존재하는 자유전자들이 넓은 범위의 전자기파를 흡수하여 더 높은 에너지 준위로 쉽게 올라갈 수 있기 때문이다.

이렇게 들뜬 전자들이 원자들과 충돌하여 에너지를 잃어버린다면 전자기파의 에너지를 열로 흡수하여 결과적으로 금속의 온도가 높아진다. 그러나 만일 들뜬 전자들이 원자들과 충돌하지 않고 다시 낮은 에너지 준위로 떨어지면, 금속 고유의 빛을 방출한다. 이것이 반사광이다. 예를 들어 금은 주로 청색의 빛을 흡수하고 황색 빛을 반사함으로써 노란색을 띠고, 은의 경우는 가시광선의 대부분을 반사함으로써 하얗게 보이는 것이다.

부도체의 경우는 에너지 밴드갭(금지대의 폭)이 가시광선의 에너지보다 커서, 가전자대의 전자를 전도대로 들뜨게 하지 못하므로 흡수되지 않고 그대로 통과시키기 때문에 투명한 특성을 갖는다. 유리와 다이아몬드 등이 좋은 예이다. 이온 결합 물질의 밴드갭은 보통 6~8 eV로, 가시광에는 투명하지만 에너지가 높은 자외선은 강하게 흡수한다. 반도체는 구성성분에 따라서 흡수하거나 반사할 수 있는 빛의 종류를 적외선, 가시광선, 자외선 영역에서 자유롭게 조절할 수 있다. 이런 특성을 이용하여 일상생활에서 활용 가능한 파장의 빛을 만들거나 특정 빛을 감지할 수 있는 장치를 만드는 데 널리 활용되고 있다.

자기적 특성

자기장이 있는 환경에서 소재가 어떻게 감응하는지는 소재의 고유한 자기적 특성에 의해 결정된다. 그림 10에 보이는 감겨있는 구리 코일에 전류를 흘려주면 코일 내부에 자기장이 발생한다. 과학 문제집을 풀다 보면, "100번 감은 10 cm 길이의 코일에 1 A(암페어)의 전류를 흘려주면 자기장이 얼마나 발생할까? 또한, 그 안에 철이 있다면 자기장이 얼마나 발생할까?"와 같은 예제를 많이 볼 수 있다. 그림 10의 식으로 계산하면 구리 코일로부터 12 G(가우스)의 자기장이 발생하며, 철을 코일 안에 넣으면 철이

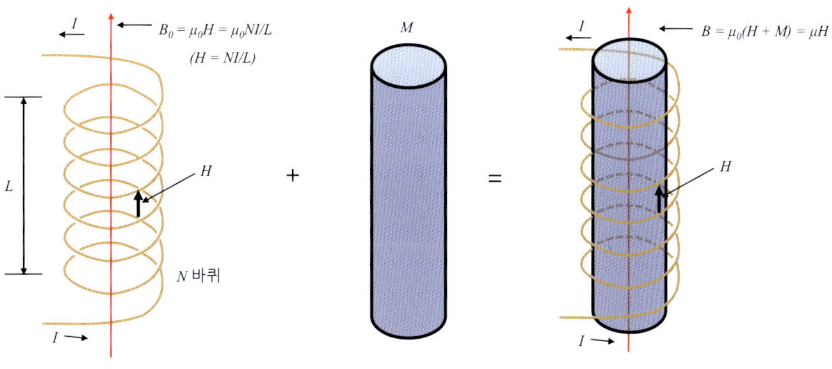

그림 10 구리 코일에 자성소재를 넣으면 높은 세기의 자기장을 얻을 수 있다. 자속밀도(B)는 자기장(H)과 소재의 자화(M)의 합이다. $B = \mu_0(H + M)$로 계산되며, μ_0는 상수로 진공에서의 투자율이다.

자화되어 약 60,000 G의 자기장이 발생한다. 이는 지구 자기장의 크기인 0.25~0.65 mG(10^{-3} 가우스)보다 대략 20만 배 큰 값이다[6]. 또한, 우리가 일상생활에서 사용하는 청소기, 세탁기, 프린터에서 0.01~0.50 mG 정도가 발생하는 것을 생각해보면 예제에서 발생하는 자기장은 너무나도 큰 값이다![7]

자기장field은 벡터량으로 H로 표시하며, 소재 자체에서 발생하는 자화magnetization는 벡터 M으로 표현한다. 그림 10에서 보듯, H와 M의 총합이 B이며, 이를 자속밀도magnetic flux density라고 칭한다. 도량형 국제표준인 SI 단위로는 $B = \mu_0(H + M)$으로 정의한다[8]. H와 M의 단위는 A/m, B의 단위는 T(tesla)이며, 여기서 μ_0는 상수로 진공 투자율인 $4\pi \times 10^{-7}$ H/m이다. 단위 tesla(테슬라)는 현재 널리 쓰이고 있는 교류 전원기를 설계한 발명가 니콜라 테슬라Nikola Tesla를 기린 단위이다. 미국의 전기자동차 회사 Tesla 역시 이 발명가의 성을 따서 설립된 회사이다.

외부 자기장 H의 변화에 따라 M이 얼마나 변하는지가 실제 응용에서 중요하게 쓰인다. $M=\chi H$로 여기서 χ은 자화율magnetic susceptibility을 의미한다. 자화율이 약 1백만 이상 되는 자성소재가 응용에서 매우 유용한 소재로 다뤄지는데, 이를 통칭하여 강자성(强磁性)ferromagnetic소재라고 한다. 주기율표의 원소별로 보면 전이금속인 Fe(26), Co(27), Ni(28)로 이루어진 고체가 여

---

6 미국 해양대기청National Oceanic and Atmospheric Administration

7 국립전파연구원(https://www.rra.go.kr/emf2/index.do)

8 고전적인 SI 단위로는 세 물리량이 $B = H + 4\pi M$ 관계를 갖는데, B와 H가 같은 크기와 단위를 가져 사용하기 편리하여 지금까지 널리 쓰이고 있다. H의 단위는 에르스테드를 기려 Oe이다. 참고로 지구 자기장의 세기는 약 0.5 Oe 정도이다. M의 단위는 emu/cm^3이며, B의 단위는 G(gauss)이다. 즉, cgs 단위에서는 Oe나 G나 같은 크기이다.

기에 해당한다.

χ가 거의 0에 가까운 상자성(常磁性)paramagnetic소재와 낮은 음수를 갖는 반자성(反磁性)diamagnetic소재들도 있는데, 산업적 응용에서는 큰 쓸모가 없는 비자성소재이다. 강자성소재에서 중요한 척도는 포화 자화saturation magnetization, M_s이다. 포화 자화는 특정 자기장 이상에서 자구magnetic domain(소재 내부의 자화가 동일한 영역)들이 전부 한 방향으로 정렬해 단일 자구를 형성하는 지점이다. M은 이때 최댓값을 나타낸다.

정리

원자, 원자의 배열

- 원자: 화학 변화에서 성질을 그대로 유지하는 물질 구성의 최소 입자
- 원자의 특성에 가장 큰 영향을 미치는 인자는 최외각 전자의 수
- 원자 간의 1차 결합은 최외각 전자의 수에 의해 결정 (공유 결합, 이온 결합, 금속 결합)
- 원자 배열의 규칙성에 따라 단결정, 다결정, 비정질로 구분

소재의 특성

- 열적 특성으로는 열용량, 열전도율, 열팽창률 등이 있음
- 기계적 특성에는 강도, 경도, 연성, 강성도 등이 있음
- 전기적 특성은 소재의 띠구조와 연관이 있으며 도체, 반도체, 부도체로 구분
- 광학적 특성은 전자기파(빛)와 소재의 상호작용에 따라 결정됨
- 자기적 특성은 소재가 갖는 고유한 자화의 세기와 외부 자기장에 따라 변함

찾아보기

ㄱ

ㄴ

ㄷ

ㄹ

ㅁ

ㅂ